# AUX SOURCES
# DE LA PAROLE

Pierre-Yves Oudeyer

# AUX SOURCES DE LA PAROLE

## Auto-organisation et évolution

*À Adèle, Théophile, Arthur et Cécile*

# De nouveaux langages
# pour expliquer le vivant

Alors que le XX$^e$ siècle naissait à peine, et quelques années seulement après les découvertes de Darwin, un autre géant des sciences révolutionnait les sciences du vivant. D'Arcy Thompson proposait un nouveau langage pour expliquer les formes du vivant : les mathématiques. Depuis fort longtemps les mathématiques étaient utilisées pour mesurer, quantifier, décrire les organismes et leurs structures. Mais les explications causales, y compris la théorie de la sélection naturelle à l'époque, s'exprimaient en langage naturel, sous la forme du verbe. Conscient que les mécanismes à l'origine des formes du vivant étaient variés et incluaient des processus biophysiques complexes au-delà de la sélection naturelle, D'Arcy Thompson montra pourquoi il était nécessaire d'utiliser aussi les mathématiques pour *exprimer et expliquer* les processus de morphogenèse. Ainsi, l'explication des formes des coquillages, des méduses, des ailes de libellules, des radiolaires, des cornes de béliers, ou des squelettes des dinosaures, devait au moins en partie s'exprimer sous la forme d'équations décrivant des processus de croissance contraints par les lois de la physique. L'identification d'avantages reproductifs ne pouvait suffire à expliquer l'origine de ces formes.

Plus tard, autour des années 1950, un second langage vint compléter celui des mathématiques : les algorithmes. Certains modèles mathématiques de la formation de structures, tant en physique qu'en biologie, étaient trop complexes pour qu'on puisse en déduire, par pur raisonnement mathématique, leurs comportements. L'invention de l'ordinateur, ainsi que de la théorie des algorithmes qui les faisaient fonctionner, ouvrit une nouvelle possibilité : celle de décrire les processus de morphogenèse comme des processus algorithmiques d'interactions entre les constituants des systèmes, et de les simuler numériquement. Cette approche se révéla particulièrement utile pour étudier et expliquer les phénomènes de morphogenèse dans les systèmes comportant un grand nombre de composants en interactions non linéaires. Dans beaucoup de ces systèmes, l'ordre apparaît spontanément. Des macrostructures se forment à partir de microstructures qui n'en contiennent pas le plan : c'est l'auto-organisation. Ainsi, aux côtés des physiciens Lorenz et Fermi qui utilisèrent l'ordinateur pour modéliser des phénomènes climatiques ou les interactions entre particules magnétisées, deux figures fondatrices de l'informatique suivirent les pas de D'Arcy Thompson. Alan Turing exprima et étudia, sous la forme d'algorithmes, comment des réactions chimiques peuvent spontanément former des motifs comme les points, les bandes ou les spirales sur la peau des léopards et des poissons, ou encore modéliser la manière dont la symétrie sphérique d'une cellule œuf peut se briser lors de la gastrulation et permettre à l'embryon de prendre progressivement forme. Ces travaux, comme ceux de D'Arcy Thompson, eurent par la suite une influence considérable sur l'évolution de l'embryologie et de la biologie (même si elle fut parfois indirecte). John von Neumann quant à lui montra comment des structures algorithmiques pouvaient s'autoreproduire, formulant ainsi des questions épistémologiques profondes sur la nature de la vie.

Le cerveau ainsi que les représentations cognitives et les comportements qu'il engendre sont probablement les structures les plus complexes que nous connaissons. C'est donc sans surprise que de larges communautés de chercheurs utilisent aujourd'hui les mathématiques, les algorithmes et les ordinateurs pour les modéliser. L'une des facultés humaines les plus remarquables est celle du langage. D'où vient-il ? Comment s'est-il formé ? Comment une langue nouvelle se forme-t-elle ? Plusieurs scientifiques, dont Michael Studdert-Kennedy, Björn Lindblom, James Hurford, Luc Steels, ont proposé l'idée que des langues nouvelles pouvaient s'auto-organiser au cours d'interactions locales entre les individus, un peu comme les motifs sur la peau des léopards se forment à partir d'interactions moléculaires.

En particulier, Luc Steels a eu un rôle pionnier et visionnaire, montrant comment les modèles algorithmiques, ainsi que leurs extensions robotiques permettant de pleinement considérer le rôle du corps, pouvaient constituer un langage scientifique essentiel pour comprendre les origines du langage naturel. C'est lui qui m'a fait découvrir cette perspective fascinante et dans laquelle s'inscrivent les travaux que je présente dans ce livre. En m'accueillant dans son équipe, au Sony Computer Science Laboratory à Paris, il a joué un grand rôle dans l'établissement des fondations scientifiques de ces travaux. Je l'en remercie et lui exprime toute ma reconnaissance.

Ce livre ainsi se focalise sur un sujet particulier, et relatif à la parole, l'un des piliers du langage : Comment les structures de la parole, telles les voyelles ou la réutilisation combinatoire des phonèmes pour composer des syllabes, se sont-elles formées ? Comment une communauté d'individus peut-elle « inventer » un nouveau répertoire de vocalisations ? Quel rôle l'auto-organisation a-t-elle pu avoir dans la morphogenèse et l'évolution de la parole ? Suivant la vision méthodologique que je viens de décrire, ce livre étudie ces questions à la lumière de la construction et de l'étude de modèles informatiques et robotiques. Le lecteur cependant ne trouvera pas de réponses définitives à ces questions. Un long chemin reste à faire devant ces défis considérables. Le lecteur pourra plutôt découvrir comment l'utilisation de modèles algorithmiques, de ce nouveau langage, permet de reformuler ces questions, de les regarder d'un œil neuf, et d'apercevoir les contours d'hypothèses nouvelles sur les origines de la parole.

Certains des travaux décrits dans cet ouvrage ont été commencés en 1999, au Sony Computer Science Laboratory, et publiés dans une première édition (anglaise) en 2006[1]. Il s'agit principalement des modèles présentés aux chapitres 6, 7 et 8, dans lesquels est étudiée la formation spontanée de vocalisations digitales et partagées dans une population d'individus babillants. Ces travaux ont ensuite été étendus de manière substantielle dans deux directions, qui ont dirigé la réécriture de plusieurs parties et des extensions importantes dans cette nouvelle édition. D'abord, la réflexion sur les hypothèses évolutionnaires, parfois nouvelles, vers lesquelles pointent ces modèles, a été largement approfondie. En particulier, l'étude du rôle du babillage, de l'exploration spontanée des vocalisations, et de l'imitation vocale à l'échelle évolutionnaire a été à l'origine d'une nouvelle série de modèles replaçant ces mécanismes dans le cadre plus général du développement sensori-moteur et social de l'enfant, à l'échelle de l'épigenèse. Ainsi, avec Frédéric Kaplan, nous avons élaboré des modèles robotiques des motivations

---

1. Oudeyer P.-Y. (2006), *Self-Organization in the Evolution of Speech*, Oxford University Press.

intrinsèques, poussant un organisme à explorer « par curiosité » son propre corps et ses relations avec son environnement. Cela nous a permis de montrer, comme l'explique le chapitre 9, comment le babillage et l'imitation vocale pourraient être des effets collatéraux de mécanismes développementaux plus généraux, ouvrant ainsi la voie à des hypothèses originales sur l'évolution de la parole. Ensuite, avec Clément Moulin-Frier, nous avons étudié plus précisément comment ces mécanismes d'exploration pouvaient auto-organiser certaines structures de développement vocal que l'on observe chez l'enfant.

Ces travaux sur la modélisation informatique du rôle de l'auto-organisation dans l'évolution de la parole s'inscrivent par ailleurs en complément de ceux de plusieurs groupes de recherche qui ont exploré, ou explorent, des voies similaires, et qui ont contribué à forger la vision que je présente dans ce livre. En particulier : à Grenoble, Ahmed-Reda Berrah, Pierre Bessière, Louis-Jean Boë, Julien Diard, Hervé Glotin, Rafael Laboissière, Clément Moulin-Frier, Jean-Luc Schwartz ; à Lyon Christophe Coupé, Jean-Marie Hombert, Egidio Marsico, François Pellegrino ; à Bruxelles, Bart de Boer ; à Yale, Catherine Browman, Louis Goldstein et Michael Studdert-Kennedy ; à Édimbourg, James Hurford.

La préparation de cet ouvrage ainsi que les travaux récents qui sont présentés doivent aussi beaucoup à Claude Kirchner et Isabelle Terrasse, qui ont su créer les conditions idéales pour leur réalisation à Inria. L'équipe Flowers qui m'entoure a aussi été d'une aide précieuse, tant scientifique que pratique, et j'en remercie tous ses membres.

La publication d'un livre de sciences abordant des questions fondamentales mais forcément un peu ardues, et sous un format accessible à un public varié, n'est pas une affaire facile. J'ai eu la chance de rencontrer trois personnes qui l'ont rendue possible, chacune à leur manière, mais toutes les trois en prenant le temps de s'intéresser à ce travail et en m'accordant leur enthousiasme : Mikhail Gromov et Michel Cassé, dont les efforts pour relier les sciences mathématiques au vivant et à l'homme font écho à l'universalisme de D'Arcy Thompson ; et Odile Jacob, qui avec son équipe mène un travail magnifique et salutaire de diffusion des sciences.

Enfin, je remercie tout particulièrement ma femme Cécile et mes enfants Adèle, Théophile et Arthur, pour l'énergie et la lumière qu'ils me donnent chaque jour, et qui m'ont guidé tout au long de l'écriture de ce livre.

# CHAPITRE 1

# La révolution scientifique de l'auto-organisation

## *L'auto-organisation : un éclairage nouveau sur la nature*

La nature regorge de formes et de motifs fascinants d'organisation, et en particulier dans sa partie inorganique. La silhouette des montagnes est la même que l'on regarde à l'échelle du rocher, du pic ou de la chaîne. Les dunes s'alignent souvent en longues bandes parallèles. L'eau se cristallise en flocons symétriques et dentelés quand la température s'y prête. Et, quand elle coule dans les rivières et tombe des cascades, apparaissent des tourbillons en forme de trompettes et les bulles se rassemblent en structures parfois polyhédrales. Les éclairs dessinent dans le ciel des ramifications à l'allure végétale. L'alternance de gel et de dégel sur les sols pierreux de la toundra laisse des empreintes polygonales sur le sol. La liste de ces formes rivalise de complexité avec bien des artefacts humains, comme on peut l'apprécier sur la figure 1.1. Et pourtant rien ni personne ne les a dessinées ou conçues. Pas même la sélection naturelle, le concepteur aveugle de Dawkins (Dawkins, 1982). Quel est donc le mystère qui explique leur existence ?

**Figure 1.1.** La nature regorge de formes et de motifs organisés sans qu'il existe quelque part des plans qui auraient servi à les construire : on dit qu'ils sont auto-organisés. Ici, des bandes parallèles qui courent sur les dunes, des bulles d'eau à la surface du liquide qu'on a agité, et les structures polyhédrales qui restent quand elles sèchent, un cristal de glace, des montagnes dont les formes sont les mêmes qu'on les regarde à l'échelle du rocher ou à l'échelle du pic. (Photos : Nick Lancaster, Desert Research Institute, Nevada ; Burkhard Prause, University of Notre Dame, Indiana ; Bill Krantz, University of Colorado.)

Toutes ces structures organisées ont un point commun : elles sont le résultat macroscopique des interactions locales entre les nombreux composants du système dans lequel elles prennent forme. Leurs propriétés organisationnelles globales ne sont cependant pas présentes au niveau local. En effet, la forme d'une molécule d'eau, ainsi que ses propriétés physico-chimiques individuelles sont très différentes de celles des cristaux de glace (voir figure 1.2.), des tourbillons, ou encore des polyèdres de bulles. Les empreintes polygonales de la toundra ne correspondent pas à la forme des pierres qui les composent, et ont une organisation spatiale très différente de l'organisation temporelle du gel et du dégel. Voilà la marque d'un phénomène qui révolutionne notre compréhension de la nature : l'auto-organisation.

Ce concept fondamental constitue la pierre de touche du changement paradigmatique que les sciences de la complexité ont opéré au XXe siècle. Après le travail précurseur et visionnaire de D'Arcy

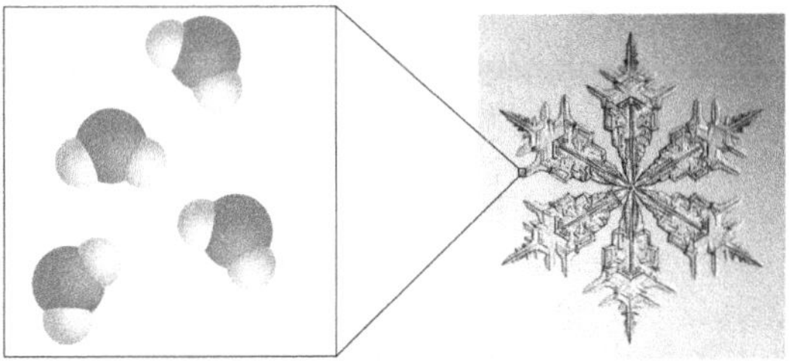

Auto-organisation

Niveau microscopique :
molécules d'eau

Niveau macroscopique :
cristal de glace

**Figure 1.2.** L'auto-organisation des cristaux de glace. La structure macroscopique du cristal s'auto-organise à partir des interactions entre les molécules d'eau dont la structure microscopique est qualitativement différente.

Thompson (Thompson, 1917) qui étudia au début du $XX^e$ siècle des phénomènes auto-organisés sans les nommer, le concept est réellement apparu et s'est développé à partir des années 1950 sous l'impulsion de chercheurs comme Alan Turing, William Ross Ashby, Heinz von Foerster, Ilya Prigogine, Francesco Varela et René Thom (Turing, 1952 ; Ashby, 1952 ; Nicolis et Prigogine, 1977 ; Kauffman, 1996 ; Ball, 2001). Depuis Newton, la bonne science se devait d'être réductionniste, et consistait à étudier les systèmes naturels en les décomposant en sous-systèmes plus simples. Par exemple, pour comprendre comment le corps humain fonctionnait, on se devait d'étudier d'un côté le cœur, de l'autre le système nerveux, et d'un autre côté encore par exemple le système limbique. D'ailleurs, on ne s'arrêtait pas là, et l'étude du système nerveux par exemple était divisée en l'étude du cortex, du thalamus ou des innervations motrices périphériques. Cette méthode nous a évidemment permis d'apprendre une somme impressionnante de connaissances. Mais les chantres de la complexité l'ont battue en brèche. Leur credo : « La somme des parties est plus que les parties prises indépendamment. » Or les systèmes complexes, c'est-à-dire les systèmes composés de nombreux sous-systèmes en interaction, abondent dans la nature et ont la très forte tendance à s'auto-organiser. Même ceux du monde biologique, sur lesquels l'emprise de la sélection naturelle n'est pas totale mais doit jouer avec l'auto-organisation.

Il apparaît donc aujourd'hui que de nombreux systèmes naturels ne peuvent tout simplement pas être expliqués par l'étude réductionniste de leurs parties. L'exemple des artefacts construits collectivement dans les sociétés de termites illustre parfaitement ce point (Camazine *et al.*, 2003). Les termites construisent en effet des nids immenses, qui s'élèvent à plusieurs mètres du sol et peuvent former des arches qui ne sont pas sans rappeler les constructions humaines, comme la figure 1.3 le montre. Si l'on veut expliquer la formation de ces structures, alors l'étude des termites prise indépendamment, par exemple l'étude précise de tout le câblage nerveux, ne suffit pas. On pourrait tout connaître de l'anatomie et du comportement d'un termite, sans pour autant comprendre comment leurs nids sont bâtis. Car en effet, aucun termite ne possède l'équivalent d'un plan, même partiel, de la superstructure. Les savoir-faire dont ils disposent ont une nature infiniment plus basique : ils sont du type « si je tombe sur une boule de terre, la prendre et la déposer là où la quantité de phéromone est grande ». La superstructure résulte plutôt de l'interaction dynamique de milliers de termites dans leur environnement, de la même manière que la structure symétrique des cristaux de glace résulte de l'interaction des molécules d'eau dans certaines conditions de pression et de température, et non d'une transposition au niveau macroscopique des structures déjà présentes au niveau microscopique.

Les exemples de l'utilisation du concept d'auto-organisation et d'explications systémiques des formes de la nature, abondent maintenant et forment le cœur des recherches les plus avancées de plus en plus de physiciens et de biologistes. On peut citer les formations qu'adoptent les fourmis et les abeilles pour la chasse ou la récolte, les formes dynamiques des bancs de poissons ou des nuées d'oiseaux, les patterns symétriques sur les ailes des papillons, les taches régulières sur la peau des léopards, ou les rayures des poissons et des coquillages, la magnétisation des aimants, la formation des tourbillons dans les rivières, la genèse des galaxies, les oscillations de la démographie des écologies proie-prédateur, la formation de patterns dans les cultures de bactéries et dans les systèmes chimiques avec réaction-diffusion, la cristallisation, les lasers, la supraconductivité, la répartition des tailles des avalanches, les systèmes chimiques autocatalytiques, la formation de membranes lipidiques ou encore la dynamique des bouchons sur les autoroutes.

Les sciences de la complexité ont ainsi désormais prouvé l'utilité fondamentale du concept de l'auto-organisation et de la méthode systémique pour expliquer des phénomènes naturels qui concernent autant les structures physiques que certaines structures

**Figure 1.3.** L'architecture des nids de termites est le résultat auto-organisé de l'interaction entre des milliers d'individus dont aucun ne connaît le plan global.

biologiques qui caractérisent la forme ou le comportement d'animaux simples comme les insectes. Nous sommes maintenant à l'aube d'un nouveau pas décisif dans cette révolution scientifique : les chercheurs de la complexité commencent à s'attaquer à la compréhension de l'homme lui-même au moyen de ces nouveaux outils. La compréhension des fonctions vitales de l'organisme humain est bouleversée par le courant émergent de ce qu'on appelle la biologie « intégrative » ou « systémique » (Chauvet, 1995 ; Kitano, 2002 ; Noble, 2006 ; Wilkinson, 2011). Plutôt que de se concentrer sur chaque organe isolément, on essaie maintenant de comprendre leurs interactions complexes dans un organisme considéré comme un tout, où les propriétés de chaque élément ne peuvent être comprises que dans le contexte de leurs interactions avec les autres éléments, et à plusieurs échelles de temps et d'espace. Cela a permis d'ouvrir de nouvelles voies théoriques, inaugurées par Alan Turing avec ses modèles mathématiques de la morphogenèse (Turing, 1952), puis plus récemment pour la compréhension des cancers (Kitano, 2004) ou celle du fonctionnement du cœur, comme l'a montré Denis Noble, l'un des pionniers de la biologie des systèmes (Noble, 2006).

Les chantres de l'auto-organisation ne s'arrêtent pas là : le cerveau de l'homme ainsi que les sensations et la pensée sont aussi sous la forte influence des propriétés d'organisation spontanée de leur structure physique. En effet, le cerveau, composé de milliards de neurones en interaction dynamique, entre eux et avec le monde extérieur, est le stéréotype du système complexe. Par exemple, comme nous le montrerons dans ce livre, l'auto-organisation peut être au cœur de la capacité de notre cerveau à catégoriser le monde qu'il perçoit et à organiser les flux continus de perceptions en objets psychologiques atomiques.

Cependant, le sujet principal de ce livre va au-delà de la réflexion sur le cerveau comme un système auto-organisé : nous sommes aujourd'hui à l'orée d'une avancée majeure dans les sciences, celle de la compréhension naturalisée de ce qui fait de l'homme une créature unique : sa culture et son langage. En effet, si la culture et le langage sont les sujets d'investigation des sciences humaines depuis des siècles, on n'a jamais encore réussi à en ancrer leur compréhension dans leur substrat matériel biologique, c'est-à-dire l'ensemble des cerveaux de tous les humains en interactions complexes et dynamiques permanentes dans le monde physique. Or les outils de la complexité commencent à nous le permettre. Nous allons l'illustrer dans ce livre, en nous concentrant sur un exemple particulier, celui de l'origine et de la formation d'un des piliers du langage : la parole, forme et véhicule du langage, comprise comme les systèmes combinatoriaux de sons partagés dans chaque communauté linguistique. Pour comprendre la révolution en marche sur cette question, nous allons d'abord retracer quelques grandes lignes de son histoire.

## Les origines du langage : un champ de recherche florissant

Il est une évidence qui n'a d'égal que le mystère qui s'en dégage : les humains parlent. C'est leur principale activité, qui les distingue de tout le reste du règne animal. Le langage humain est un outil de communication d'une complexité inégalée. Code conventionnalisé, il permet à un individu de faire partager aux autres ses idées, ses émotions, de parler des couleurs du ciel mais aussi des paysages lointains, des événements passés, et même de la manière dont il imagine le futur, de théorèmes mathématiques, des propriétés invisibles de la matière et du langage lui-même. En outre, chaque langue définit un code propre à ses locuteurs, c'est-à-dire une manière originale d'organiser les sons, les syllabes, les mots, les phrases, et d'articuler les rapports entre ces phrases et le sens qu'elles véhiculent. Environ six mille langues sont aujourd'hui parlées dans le monde, marquées par une grande diversité (Hagège, 2006 ; Hombert, 2009 ; Fitch, 2011). En permanence ces langues évoluent (Labov, 1994 ; Hombert, 2005), certaines meurent et d'autres naissent. On évalue à plus d'un demi-million le nombre de langues qui ont existé. On a du mal à imaginer une humanité sans langage. Et pourtant, il y a longtemps, les humains ne parlaient pas.

Cela pose l'une des questions les plus difficiles que la science ait à résoudre : comment les humains en sont-ils venus à parler ? Une seconde question la prolonge naturellement : comment les langues évoluent-elles ?

Ces deux questions, celle de l'origine du langage et celle de l'évolution des langues, ont été au centre des recherches de nombreux penseurs dans les siècles passés, et en particulier au XIXe siècle. Elles figurent en bonne place d'ailleurs dans les réflexions de Darwin (Darwin, 1859). De nombreuses théories furent développées sans être contraintes ni par l'observation ni par l'expérimentation. Elles s'éloignèrent assez vite des raisonnements et des méthodes scientifiques, à tel point que la Société de linguistique de Paris déclara en 1866 que ces questions ne devaient plus être abordées dans le cadre de la science. Cela inaugura un siècle d'arrêt quasi total des recherches dans ce domaine.

Les avancées en neurosciences, en sciences de la cognition et en génétique, vers la fin du XXe siècle, ont remis ces questions au centre de la scène scientifique. D'une part, les neurosciences modernes, en particulier grâce aux outils d'imagerie cérébrale, ainsi que les sciences de la cognition ont fait des progrès immenses dans la compréhension générale du fonctionnement du cerveau, et en particulier sur la manière dont on acquiert le langage et comment le cerveau le traite. Cela a permis d'initier une naturalisation de l'étude du langage, c'est-à-dire un ancrage du système abstrait que les linguistes décrivent dans le substrat physique et biologique qui compose les êtres humains et leur environnement. En bref, les sciences naturelles se sont approprié des questions qui étaient auparavant dans le domaine des sciences humaines. Ces nouveaux éclairages sur le fonctionnement du langage ont ainsi fourni à la recherche de ses origines des contraintes dont l'absence avait miné les recherches du XIXe siècle.

D'autre part, les progrès de la génétique ont braqué les projecteurs sur la théorie néodarwinienne de l'évolution, en confirmant d'une part certains de ses piliers (avec par exemple la découverte des gènes, puis de certains des mécanismes de variation), et d'autre part en lui permettant de tester ses prédictions, souvent avec succès, grâce au séquençage des génomes d'animaux de différentes espèces permettant de reconstruire leurs arbres phylogénétiques (c'est-à-dire leur histoire évolutionnaire). En particulier, le séquençage du génome humain, ainsi que celui d'autres animaux comme les chimpanzés ou les singes, a permis de préciser les liens entre l'homme et ses ancêtres. Ainsi, sous l'impulsion d'une biologie évolutionnaire vigoureuse, fournissant en même temps un corpus impressionnant d'observations et un cadre explicatif théorique solide, la question de l'origine de l'homme s'est vue devenir une préoccupation centrale de la communauté scientifique. Et, tout naturellement, l'origine du langage, celui-ci étant un des traits marquants de l'homme moderne, a retrouvé, comme au XIXe siècle, son statut de sujet phare de la recherche.

INTERDISCIPLINARITÉ

Un consensus se dégage de la communauté des chercheurs qui aujourd'hui s'attellent aux questions de l'origine du langage et de l'évolution des langues : la recherche doit être interdisciplinaire. En effet, nous avons affaire à un puzzle aux ramifications immenses qui dépassent les compétences de chaque domaine de recherche pris indépendamment. C'est d'abord parce que les deux grandes questions de l'origine et de l'évolution du langage impliquent des sous-questions elles-mêmes déjà fort complexes : qu'est-ce que le langage ? Qu'est-ce qu'une langue ? Comment s'articulent entre eux les sons, les mots, les phrases, les représentations sémantiques ? Comment le cerveau représente-t-il et apprend-il ces sons, ces phrases et les concepts qu'elles véhiculent ? Quelle est la part de l'inné et de l'acquis ? À quoi sert le langage ? Comment une langue se forme-t-elle et change-t-elle au cours des générations successives de ses locuteurs ? Pourquoi le langage et les langues sont-ils tels qu'ils sont ? Pourquoi y a-t-il des tendances universelles et en même temps une grande diversité ? Quelle est l'influence du langage sur la perception et la conception du monde ? Le langage est-il le résultat d'une évolution phylogénétique, comme l'apparition des yeux, ou une invention culturelle, comme l'écriture ? Est-ce une adaptation à un environnement changeant ? Une modification interne de l'individu qui a permis d'augmenter ses chances de reproduction ? Est-ce une exaptation, effet collatéral de changements qui n'étaient pas initialement reliés au comportement de communication ? Quels sont les prérequis évolutionnaires qui ont permis l'apparition de la capacité de parler ?

Face à la diversité de ces questions se dresse une diversité encore plus grande de disciplines et de méthodes. Les linguistes, même s'ils continuent à fournir des données cruciales sur l'histoire des langues ainsi que sur les tendances universelles de leurs structures, ne sont plus les acteurs principaux. La psychologie développementale, la psychologie cognitive et la neuropsychologie font des études comportementales de l'acquisition du langage ainsi que des troubles du langage, souvent révélateurs des mécanismes cognitifs impliqués dans le traitement du langage. Les neurosciences, en particulier avec les dispositifs d'imagerie cérébrale qui permettent de visualiser quelles zones du cerveau s'activent quand on effectue une tâche donnée, essaient de trouver les corrélats neuronaux des comportements de parole, pour en découvrir l'organisation cérébrale. Des chercheurs étudient aussi la physiologie de l'appareil vocal, pour essayer de comprendre la manière dont nous produisons des sons. La physiologie de l'oreille, capteur essentiel dans la chaîne de décodage de la parole (la vision la remplace quand il s'agit de langue des signes), occupe aussi de nombreux chercheurs. Les archéologues examinent les fossiles et les artefacts des premiers hommes, et tentent d'une part d'en déduire l'évolution morphologique des hommes (en particulier de son larynx), et d'autre part de se faire une idée des activités qu'ils pratiquaient (quels outils fabriquaient-ils et comment les utilisaient-ils ? Comment ces outils peuvent-ils nous renseigner sur le degré de développement cognitif ?). Les anthropologues vont à la rencontre des peuples isolés et rendent compte des différences culturelles, en particulier celles liées aux langues et aux conceptions qu'elles véhiculent. Les primatologues essaient de rendre compte des capacités de communication des autres primates et de les comparer aux nôtres. Les généticiens, d'une part, séquencent les génomes de l'homme et des espèces qui sont ses ancêtres ou ses cousins potentiels pour préciser leurs liens phylogénétiques, et d'autre part utilisent les informations génétiques des différents peuples de la planète pour aider à la reconstruction de l'histoire des langues, souvent corrélée avec l'histoire des gènes des locuteurs qui les parlent.

Le langage implique donc une multitude de composantes qui interagissent de manière complexe sur plusieurs échelles de temps et d'espace en parallèle : l'échelle ontogénétique, qui caractérise le développement de l'individu, l'échelle glossogénétique ou culturelle, qui caractérise l'évolution des cultures, et l'échelle génétique, qui caractérise l'évolution des espèces. Or, comme nous l'avons vu dans la section précédente, s'il est nécessaire d'étudier chacune de ces composantes indépendamment afin de réduire la complexité du problème, il est aussi fondamental d'en étudier les interactions. De nombreuses propriétés du langage ne sont en effet probablement codées dans aucun des composants qu'il implique, mais résultent de l'auto-organisation de ces composants en interaction. Or ces phénomènes d'auto-organisation sont souvent compliqués à comprendre ou à prévoir intuitivement et à formuler verbalement.

## MODÉLISATION INFORMATIQUE, MATHÉMATIQUE ET ROBOTIQUE

C'est pourquoi la recherche sur les origines du langage implique aujourd'hui l'activité des chercheurs en informatique, mathématiques et robotique, qui construisent des modèles opérationnels de ces interactions entre les composants impliqués dans le langage, conceptualisé alors comme un système complexe (Steels, 1997 ; Coupé *et al.*, 2010). Un modèle opérationnel définit formellement l'ensemble de ses présuppositions et surtout permet de calculer ou de simuler les conséquences qui en découlent, et donc de montrer qu'il mène à un ensemble de conclusions données. Il existe deux grands types de modèles opérationnels, qui se distinguent par le langage formel qui est utilisé et par la manière dont on les étudie.

Le premier consiste à abstraire des processus de formation du langage naturel un certain nombre de variables et à exprimer leurs relations et leur évolution avec des équations mathématiques. Cela consiste le plus souvent en des systèmes d'équations différentielles couplées, et bénéficie du cadre de la théorie des systèmes dynamiques ou encore de celui de la physique statistique, comme dans les travaux de Nowak et ses collègues qui ont étudié les mécanismes de formation de conventions lexicales (Nowak *et al.*, 2002 ; Loreto *et al.*, 2012). La structure mathématique de ces modèles permet, quand ils sont assez simples, de prévoir analytiquement leur comportement et d'en déduire des preuves formelles. Cependant, les abstractions et présuppositions qui permettent de réaliser ces preuves restent parfois très éloignées des mécanismes de la réalité physique, cognitive et sociale. En outre, le langage formel des relations mathématiques n'est pas toujours le plus adapté pour exprimer les processus à l'œuvre dans la nature (ou la culture).

C'est ainsi qu'un second type de modèles s'est développé, basé sur la formulation des processus de morphogenèse en terme d'algorithmes. Ces algorithmes sont eux-mêmes exprimés en pratique avec des langages de programmation informatiques. L'utilisation de tels langages formels pour décrire un processus naturel ou culturel a deux très grands avantages. D'abord, ces langages permettent, par leur grande expressivité, de formuler de manière compacte des processus qui peuvent être d'une grande complexité (Dowek, 2011). Ensuite, pour des phénomènes dont le comportement est très difficile à prédire analytiquement à partir d'équations, il devient possible dans ce cadre de calculer automatiquement ce comportement par simulation. En effet, on peut implanter ces programmes informatiques sur des ordinateurs afin de simuler leur comportement, et par exemple observer l'évolution du système simulé en fonction de ses paramètres.

Dans les recherches sur l'origine et l'évolution du langage, cette approche consiste en pratique souvent à construire des systèmes artificiels dans lesquels des programmes modélisent des individus (leur corps, leur cerveau, leur comportement), leurs interactions et l'environnement dans lequel ils évoluent. Cette approche, que nous étudierons en détail dans les chapitres suivants, a déjà rendu possible un certain nombre de résultats décisifs qui ont permis d'ouvrir la voie à la résolution de questions fondamentales et restées jusque-là sans réponses. Les travaux pionniers de Steels (Steels, 1997 ; Steels, 2003 ; Steels, 2012) ont ainsi montré, grâce à de tels modèles algorithmiques, comment des conventions linguistiques associant des mots et des sens pouvaient spontanément se former au cours d'interactions de pair à pair entre des individus. Avec plusieurs collègues, il a ensuite étendu ces modèles de manière à permettre la formation de systèmes de catégories sémantiques partagées, c'est-à-dire de méthodes permettant aux individus d'une communauté de classer leurs percepts de la même manière (Steels, 2003 ; Kaplan, 2001). Ces travaux ont aussi permis d'expliquer par exemple la dualité entre les régularités et la diversité des systèmes de nommage et de catégorisation des couleurs dans les langues du monde (Steels et Belpaeme, 2005). Plus récemment, ils ont permis l'étude de la formation de structures grammaticales (Spranger et Steels, 2012), complémentant les travaux de Kirby, Hurford et leurs collègues sur l'évolution de la syntaxe (Kirby et Hurford, 2002), ainsi que ceux de Coupé et Hombert (Coupé et Hombert, 2005). En parallèle, d'autres modèles ont ouvert la voie à l'étude de la formation des structures de la parole, comme ceux de Berrah *et al.* (Berrah *et al.*, 1996 ; Berrah et Laboissière, 1999), Browman et Goldstein (Browman et Goldstein, 2000), de Boer (de Boer, 2001), Oudeyer (Oudeyer, 2005a ; Oudeyer, 2005c) et Moulin-Frier *et al.* (Moulin-Frier *et al.*, 2008).

Certains de ces modèles algorithmiques ont récemment été étendus sous une forme hybride mêlant implantation informatique et robotique. Dans ces modèles, plutôt que de modéliser entièrement le système cerveau-corps-environnement de manière algorithmique sur un ordinateur, on implante des programmes dans des ordinateurs embarqués sur des robots physiques. Ainsi, seul le « cerveau » est formulé de manière algorithmique, tandis que le corps est modélisé par des éléments mécatroniques et l'environnement est à peu près le même que celui dans lequel les humains évoluent. Cette approche est actuellement au centre du domaine de la robotique développementale où est menée une activité intense de recherche sur la modélisation des phénomènes cognitifs (Oudeyer, 2010), et en particulier ceux de l'acquisition et de l'évolution du langage (Steels, 2003 ; Cangelosi *et al.*, 2010). Nous en exposerons un exemple au chapitre 9, où nous présenterons une expérimentation dans laquelle un robot doté d'un système de motivations intrinsèques, lui permettant une forme de curiosité artificielle, explore spontanément son corps et apprend progressivement à bouger, manipuler des objets, produire des vocalisations et prédire leurs effets sur d'autres individus.

La construction de tels modèles robotiques a plusieurs intérêts. D'abord, en ce qui concerne le langage, elle permet d'attaquer le problème fondamental de l'ancrage des symboles dans le monde physique (en anglais, le *symbol grounding problem*). Ce problème, dont Steven Harnad a donné une formulation marquante (Harnard, 1990), consiste à comprendre comment les symboles que l'on utilise couramment pour décrire et modéliser les langues (e.g. les mots, les règles de grammaires) peuvent prendre du sens dans la réalité physique et sociale d'un organisme réel. Cela implique en particulier la capacité de relier le monde abstrait des symboles au monde concret des quantités numériques et chimiques qui sont perçues et manipulées par le cerveau et le corps en contexte. Les modèles purement algorithmiques, parce qu'ils sont entièrement implantés sur des ordinateurs qui *in fine* ne représentent le monde que de manière symbolique et discrète, rendent donc l'étude du problème de l'ancrage des symboles compliquée. Au contraire, les modèles hybrides algorithmiques et robotiques, qui par définition opèrent la relation symboles-monde physique, sont des outils extraordinaires pour étudier ce problème (Steels et Kaplan, 2001 ; Steels, 2012). Ils permettent en particulier de confronter les modèles algorithmiques du langage à la réalité physique et sociale afin d'évaluer s'ils rendent possible l'ancrage effectif des symboles, ce qui est une contrainte forte sur la plausibilité de ces modèles. Au chapitre 4, nous présenterons par exemple l'expérience des Talking Heads, réalisée par Steels et ses collègues, et dans laquelle une population de robots invente et négocie progressivement une langue nouvelle, qui leur permet de communiquer à propos des objets dans leur environnement.

Utiliser des robots a un second intérêt fondamental. Comme l'ont argumenté par exemple Esther Thelen et Linda Smith dans

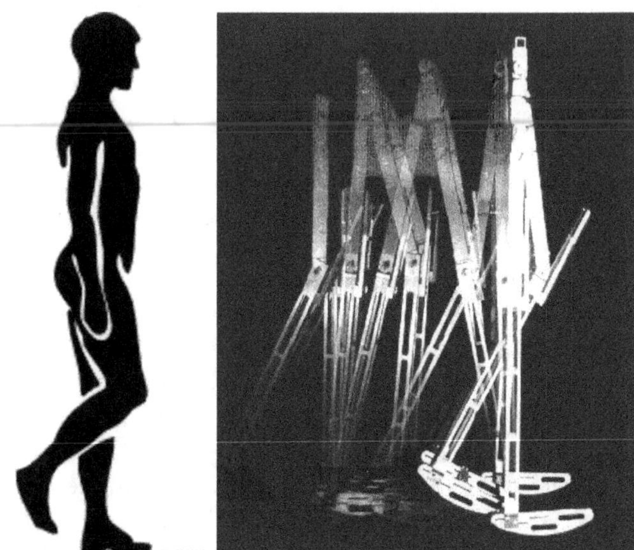

**Figure 1.4.** Le robot marcheur dynamique passif de Tad McGeer (sur la droite). Cette structure mécanique sans ordinateur ni alimentation énergétique interne génère spontanément une démarche naturelle et équilibrée quand on la place sur un plan incliné. Cela montre que l'interaction seule entre la morphologie du corps et la gravité peut spontanément générer une structure de mouvement organisé. Cela a permis de faire avancer notre compréhension du rôle du corps dans la génération de la marche humaine. De même, il est important de prendre en compte les propriétés du corps pour modéliser la formation des systèmes linguistiques, et de la parole en particulier. Pour cela, les modèles robotiques sont d'une grande utilité. (Photo : Tad McGeer.)

leur théorie du développement (Smith et Thelen, 2013), la formation des structures comportementales et cognitives résulte de l'interaction dynamique du cerveau, du corps et de l'environnement. Ainsi le corps et l'environnement, par leur substrat physique qui induit des propriétés de génération de structure très particulières, ont un rôle fondamental. Les matériaux et la géométrie du corps et de son système sensori-moteur (ce qu'on appelle en anglais l'*embodiment*) peuvent radicalement simplifier l'acquisition de certains comportements. Par exemple, pour la marche bipède, Tad McGeer a montré qu'une structure de jambe purement mécanique (voir figure 1.4), c'est-à-dire sans ordinateur ni même alimentation électrique, pouvait avec la bonne géométrie générer une séquence de pas partageant beaucoup des propriétés de la marche humaine (McGeer, 1993). Pour l'acquisition du langage, Chen Yu et Linda Smith ont montré comment les relations géométriques main-œil et la manipulation physique des objets pouvaient permettre aux enfants de créer de bonnes situations d'apprentissage du sens des premiers mots (Yu et Smith, 2012). Ainsi, le corps réalise physiquement une forme de traitement de l'information, c'est pourquoi certains parlent de « calcul morphologique » (*morphological computation*) (Pfeifer *et al.*, 2007). Dans ce contexte, l'utilisation de robots permet de modéliser sous forme mécatronique à la fois de manière plus simple et plus réaliste des phénomènes d'interactions entre le cerveau, le corps et l'environnement qu'il serait trop complexe, voire impossible, de modéliser entièrement algorithmiquement. Dans les modèles de la morphogenèse de la parole que nous présenterons aux chapitres 6, 7 et 8, une simulation des propriétés du système physique vocal et auditif permettra ainsi d'étudier spécifiquement quel est le rôle du corps dans la formation de systèmes de vocalisations dans une population d'individus.

Plus généralement, il existe aujourd'hui de nombreux autres exemples de l'utilisation de modèles robotiques permettant de mieux comprendre le comportement animal et humain[1], et concernant des phénomènes aussi variés que la navigation et la phototropie chez les insectes, le contrôle de la nage chez les dauphins, la découverte de la distinction soi/non soi chez l'enfant humain, mais aussi l'impact du système visuel sur la formation de concepts linguistiques.

---

1. Voir par exemple la revue présentée dans Oudeyer (2010).

## *L'exploration* in silico
## *de l'évolution de la parole*

Les travaux que nous allons présenter et discuter dans les prochains chapitres s'inscrivent ainsi dans cette veine méthodologique de construction de systèmes artificiels et de leur exploration *in silico*. Nous nous concentrerons sur la morphogenèse et l'évolution d'un aspect particulier du langage : les sons de la parole et les systèmes de vocalisation qu'ils forment. Les vocalisations, comme nous allons le voir en détail dans le chapitre suivant, forment un code conventionnel qui fournit à chaque langue un répertoire de formes qui permet de véhiculer des informations. Ce code, qui a une partie acoustique et une partie articulatoire, organise les sons en catégories propres à chaque communauté linguistique et règle la manière dont ils peuvent être combinés (ces règles de syntaxe sonore sont aussi largement des conventions culturelles). Il est donc digital et combinatorial. Sans un tel code, qui peut être aussi implémenté par la modalité gestuelle pour les langues des signes, pas de formes, donc pas de contenu, et donc pas de communication linguistique. Comment un tel code a-t-il pu apparaître ? En particulier, comment les premiers codes ont-ils pu se former avant qu'il y ait une communication conventionnalisée de type linguistique, dont ils sont des prérequis ? Pourquoi les codes sonores de la parole humaine sont-ils tels qu'ils sont ? Voilà les questions que nous allons discuter. Elles se révèlent très ambitieuses, car elles incluent des aspects nombreux et complexes, individuels et sociaux, mais en même temps elles restent très modestes par rapport au programme général des recherches sur l'origine du langage et l'évolution des langues. En effet, elles ne concernent que l'origine d'un prérequis du langage parmi beaucoup d'autres (comme la capacité de former des représentations symboliques ou la capacité pragmatique d'inférer les intentions des autres au moyen d'indices comportementaux).

Il faut aussi noter dès maintenant que ce livre n'a pas vocation à apporter des réponses directes et définitives. Les mystères de l'origine de la parole et du langage sont immenses, et la science commence à peine à les creuser. Les systèmes artificiels que nous présenterons, et l'exploration *in silico* que nous en ferons, ont d'abord pour objectif de développer nos intuitions, de nous permettre de manipuler concrètement la complexité, d'ouvrir des portes, pour tracer les contours de nouvelles hypothèses, et surtout de parvenir à formuler des questions nouvelles, refondant et éclairant notre quête des origines de la parole. Ainsi, pour reprendre l'expression fameuse de Niels Bohr : « Chacune des phrases que je prononce doit être comprise non comme une affirmation mais comme une question. »

Le chapitre 2 présentera une vue d'ensemble des structures de la parole telles que nous les comprenons aujourd'hui, ainsi que des défis qui se posent quant à la compréhension de son origine. Le chapitre 3 placera les problématiques de l'origine de la parole dans le cadre général de l'origine des formes en biologie : nous discuterons des articulations entre le phénomène de l'auto-organisation et celui de la sélection naturelle, deux moteurs de la création des formes du monde vivant. En particulier, cela nous amènera à discuter de la structure que doivent avoir les argumentations concernant l'explication de l'origine des formes vivantes. Le chapitre 4 fera un parcours détaillé de la littérature pour expliquer les réponses qui ont déjà été proposées, et étaiera les grandes lignes de l'approche qui sera au centre de ce livre. Le chapitre 5 discutera la méthodologie que nous employons, à savoir la construction de systèmes artificiels, ainsi que les objectifs et la philosophie scientifique qui la motivent. Le chapitre 6 décrira formellement en détail un premier système artificiel et présentera son fonctionnement. Nous observerons la formation d'un code de la parole digital, combinatorial et partagé par une société d'individus qui au départ ne prononcent que des vocalisations holistiques et inorganisées et ne suivent aucune règle d'interaction structurée. Nous étudierons en particulier le rôle que jouent ou ne jouent pas les contraintes morphologiques de l'appareil vocal et perceptuel dans la formation des codes de la parole. Le chapitre 7 présentera une variante de ce système artificiel dans laquelle, contrairement au chapitre 6, nous ne présupposerons plus que les individus sont capables dès le départ de retrouver les configurations articulatoires correspondant à un son qu'ils entendent : cette capacité sera apprise grâce à une architecture neuronale très générique. Nous utiliserons aussi un modèle du conduit vocal humain pour la production de voyelles, qui nous permettra de préciser l'analogie entre les systèmes artificiels et les systèmes humains : nous montrerons que les régularités statistiques qui caractérisent les systèmes de voyelles des sociétés d'individus artificiels sont très similaires à celles des systèmes de voyelles des langues humaines. Le chapitre 8 présentera une extension du système artificiel du chapitre 6 et montrera comment des règles de syntaxe sonore, qu'on appelle « phonotactiques », peuvent apparaître. Le chapitre 9 discutera les scénarios évolutionnaires nouveaux que ces expérimentations *in silico* laissent entrevoir. En particulier, nous montrerons que des codes de la parole conventionnels et combinatoriaux pourraient s'être formés spontanément à partir de deux mécanismes prélinguistiques. Le premier est l'imitation vocale, qui peut trouver des fonctions différentes du langage. Le second mécanisme, que nous illustrerons avec des expériences robotiques, est l'exploration spontanée du corps dirigée par des motivations intrinsèques qui poussent l'organisme à découvrir son espace sensori-moteur par pure curiosité, et en particulier son espace vocal au travers du babillage.

# CHAPITRE 2

# Structures de la parole

Le langage, et de manière plus générale la communication, implique la transmission d'informations entre des individus. Cela requiert un support matériel. Le support le plus couramment utilisé par les humains est le son de la voix, dont les capacités de production et la perception constituent la parole[1]. D'autres exemples de supports sont les signes manuels (pour les langues des signes) ou l'écriture. Les sons que les humains utilisent pour parler sont organisés en une structure, que l'on appelle parfois le « code » de la parole, qui fournit un répertoire de formes qui sont utilisées comme support physique de l'information. Un tel code est un prérequis pour les communications linguistiques. Sans formes, qu'elles soient sonores ou gestuelles, aucun moyen de transférer une information entre individus. Le code de la parole est principalement conventionnel, comme nous allons l'illustrer avec la formidable diversité qui existe entre les langues. Il règle la manière dont les vocalisations sont organisées (digitalement et combinatorialement), la manière dont les sons sont catégorisés, et la manière dont ils peuvent être séquencés (en définissant des règles de syntaxe sonores). Nous allons ici détailler l'organisation de ce code en commençant par expliquer comment l'humain produit et perçoit les sons.

---

1. Notons que le terme « parole » est ici réservé à la forme sonore et articulatoire indépendamment du sens, et donc n'est pas un synonyme de « langage ».

## *Les instruments de la parole :*
## *le conduit vocal et l'oreille*

Nous disposons pour parler d'un instrument de musique complexe : le conduit vocal. Celui-ci s'organise en deux sous-systèmes (voir figure 2.1) : l'un génère une onde sonore, le second la sculpte. Le premier système est subglottal : l'ensemble poumons/diaphragme permet de faire souffler de l'air dans la trachée, qui fait vibrer le larynx. Le larynx est un assemblage de cartilages et de muscles qui, en vibrant, génère une onde sonore. Le son généré contient alors une multitude de fréquences. Le second système, supralaryngéal, est un tube qui s'étend du larynx jusqu'au bout des lèvres et du nez, où il se divise en deux. Les organes de la glotte, le voile du palais, la langue (corps et extrémité) et les lèvres permettent de modifier la forme de ce tube, en particulier sa longueur et son volume. Ce changement de forme a pour conséquence d'atténuer ou d'amplifier certaines fréquences du signal sonore. Ainsi, parler revient à faire bouger les différents organes du conduit vocal.

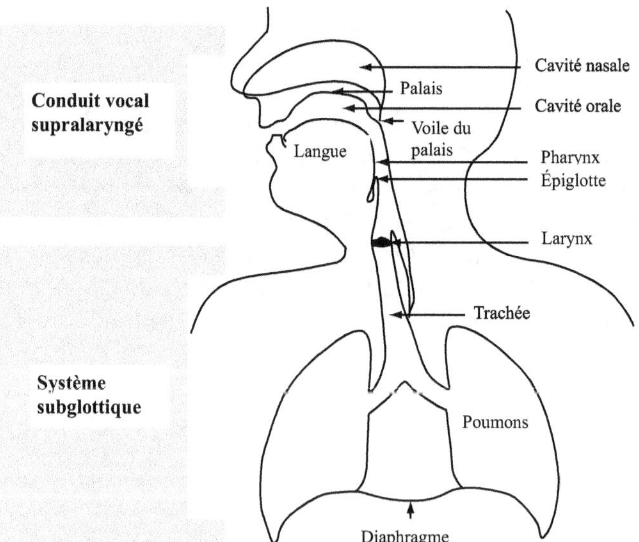


**Figure 2.1.** Le conduit vocal s'organise en deux sous-systèmes : le système subglottal qui produit une source sonore, et le système supralaryngéal, dont la forme modifiable permet de sculpter cette onde sonore. (Adapté de Goldstein, 2003b.)

Pour percevoir les sons, nous disposons de l'oreille, et en particulier de la cochlée (figure 2.2). La cochlée est l'appareil qui nous permet de faire un certain nombre de mesures sur le son. Parmi celles-ci, il y a la décomposition du son en fréquences, ou harmoniques. En effet, chaque son complexe peut être vu comme la superposition d'ondes sinusoïdales, chacune ayant une fréquence et une amplitude données. En mathématiques, on appelle cela la décomposition en séries de Fourier. La cochlée réalise une approximation de cette décomposition grâce à la membrane basilaire. Elle se caractérise par une épaisseur croissante, et là où elle est fine, elle répond mieux aux hautes fréquences, alors que là où elle est épaisse et lourde, elle répond plutôt aux stimulations de basse fréquence, correspondant mieux à ses propriétés inertielles (figure 2.3). Des cellules nerveuses, les « cellules ciliées », sont reliées à cette membrane pour recueillir l'information de stimulation. Cette information remonte alors par un système de fibres jusqu'au système nerveux central.

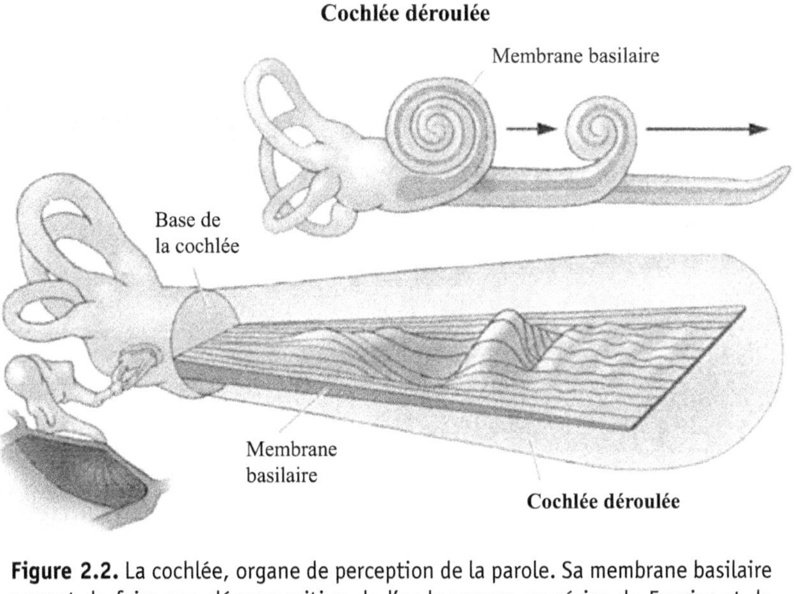

**Figure 2.2.** La cochlée, organe de perception de la parole. Sa membrane basilaire permet de faire une décomposition de l'onde sonore en séries de Fourier et de calculer l'amplitude de ses harmoniques. (Adapté de Sekuler et Blake, 1994.)

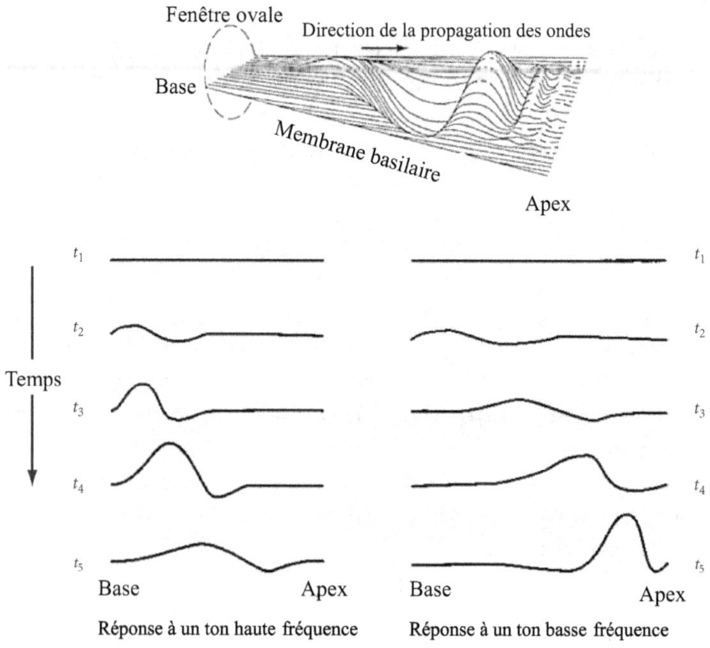


**Figure 2.3.** La membrane basilaire réalise la décomposition du signal en ses harmoniques : elle se caractérise par une épaisseur croissante, et là où elle est fine elle répond mieux aux hautes fréquences, alors que là où elle est épaisse et lourde, elle répond plutôt aux stimulations de basses fréquences, correspondant mieux à ses propriétés inertielles. (Adapté d'Escudier et Schwartz, 2000.)

## Comment le cerveau joue des instruments de la parole

De quelle manière les organes du conduit vocal contrôlent-ils le flux sonore ? Quelles sont les représentations que notre cerveau utilise pour produire un son ? La théorie de la phonologie articulatoire propose un guide pour répondre à ces questions (Browman et Goldstein, 1986), et nous l'adoptons ici.

Le concept central de la phonologie articulatoire est le geste (*gesture*). Un geste, unité d'action, consiste en la coordination d'un certain nombre d'organes (e.g. la langue, les lèvres) pour effectuer une constriction du conduit vocal. Une constriction est une obstruction du passage de l'onde sonore, par un rétrécissement du tube vocal. Par exemple, les mots « bateau », « paramètre », « mètre » commencent tous par une fermeture des lèvres. Un geste est spécifié non pas par la trajectoire d'un ou de plusieurs organes, mais par un objectif de constriction à atteindre défini par une relation entre organes. Par exemple, l'ouverture des lèvres est une variable de constriction qui peut être contrôlée grâce au mouvement de trois organes : la lèvre inférieure, la lèvre supérieure et la mâchoire (chacun étant contrôlé par un ensemble de muscles). Un objectif articulatoire (une constriction définie par une relation entre organes) peut être réalisé par plusieurs combinaisons de mouvements des organes.

Les variables de constriction, ou systèmes constricteurs, qui sont utilisées pour spécifier les gestes sont : les positions du larynx, du velum, du corps de la langue, de l'extrémité de la langue, des

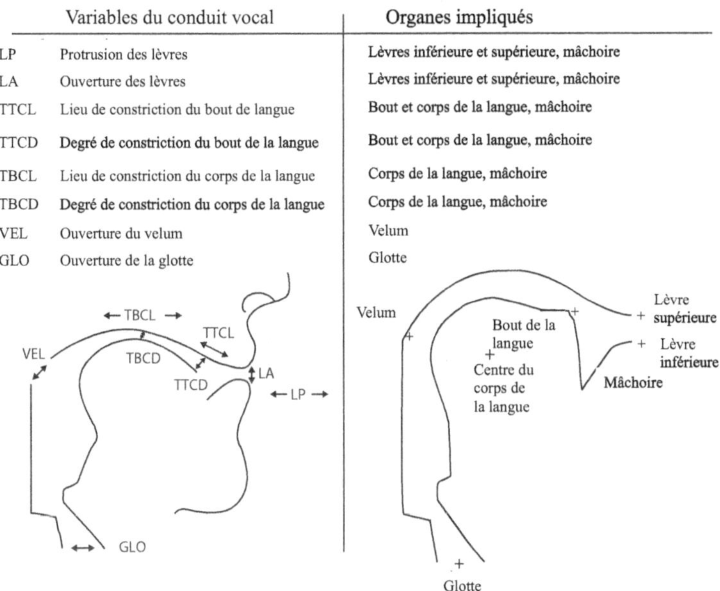



**Figure 2.4.** Les variables de constriction sont utilisées pour spécifier les gestes. Chacune de ces variables peut être contrôlée par le déplacement de plusieurs organes et de beaucoup de muscles qui les activent. (Adapté de Goldstein, 2003b.)

lèvres. Chacune de ses variables de constriction peut être contrôlée par le déplacement de plusieurs organes et de beaucoup de muscles qui les activent. La figure 2.4 schématise les variables de constriction ainsi que les organes qui peuvent servir à les réaliser.

Chaque constricteur peut produire des gestes dont la constriction varie selon deux dimensions continues : le lieu et la manière. Parmi les lieux, c'est-à-dire l'endroit du conduit vocal où est réalisé le rétrécissement, on peut citer : bilabial, dental, alvéolaire, palatal, vélaire, uvulaire ou encore pharyngal. La figure 2.5 donne d'autres exemples. Parmi les manières de réaliser le rétrécissement, il existe les « stops » (d), les fricatives (z) ou encore les approximants (r). On dit des gestes qu'ils sont consonantiques s'ils provoquent un rétrécissement étroit ou total, et qu'ils sont vocaliques (des voyelles), s'ils provoquent un rétrécissement plus large.

Quand nous parlons, nos vocalisations sont la combinaison parallèle et temporelle de plusieurs gestes. Cette combinaison peut être représentée grâce à une partition gestuelle, à l'image des partitions musicales (voir figure 2.6, qui donne un exemple de partition gestuelle correspondant à la prononciation du mot *pan* en anglais). Les gestes des cinq systèmes constricteurs (velum, extrémité de la

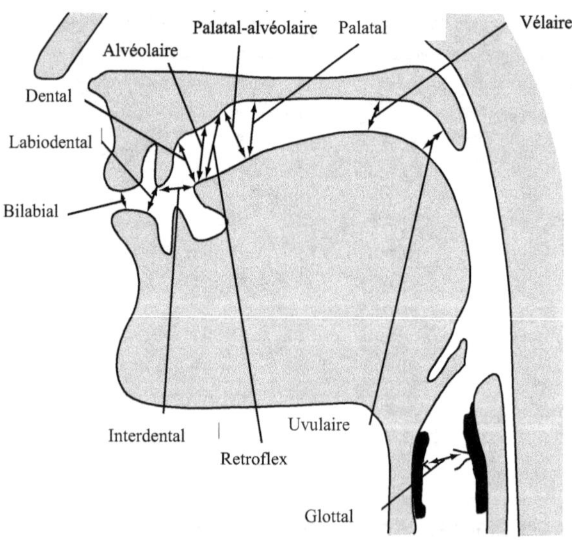


**Figure 2.5.** Les lieux de constriction vont du larynx jusqu'aux lèvres. (Adapté d'Escudier et Schwartz, 2000.)

langue, corps de la langue, lèvres, glotte) sont représentés sur cinq lignes différentes. Les boîtes représentent les intervalles de temps durant lesquels les gestes de chaque constricteur sont actifs dans le conduit vocal. Les étiquettes sur les boîtes indiquent le lieu et la manière de constriction.

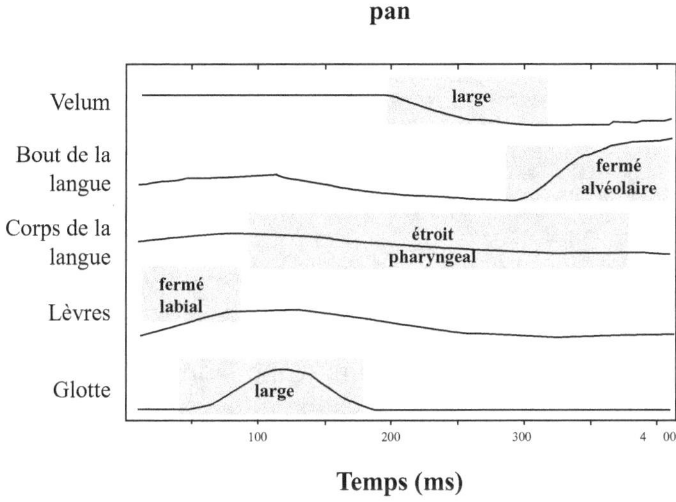


**Figure 2.6.** Un exemple de partition gestuelle : le mot *pan* en anglais. (Adapté de Goldstein, 2003b.)

En phonologie, il est courant d'utiliser le concept de phonème pour décrire les sons dans les mots. Cela suppose que l'on peut segmenter les mots en séquences d'unités, appelées segments phonologiques (mais ceux-ci ne correspondent pas forcément aux lettres du mot quand on l'écrit). Ces unités sont caractérisées par le fait qu'elles permettent de différencier deux mots comme « bar » et « par ». Il est possible de définir les phonèmes à partir des gestes qui les composent et de leur organisation : un phonème peut être vu comme un ensemble de gestes (souvent un seul) qui revient de manière systématique dans de nombreux mots avec un schéma de coordination régulier.

Ainsi, quand nous produisons de la parole, ce sont les gestes qui sont spécifiés. Des commandes sont envoyées aux organes afin que ceux-ci réalisent les constrictions correspondantes. La production de la parole s'organise en deux niveaux : le niveau des commandes qui définissent la partition gestuelle et le niveau de la réalisation qui exécute ces gestes. Le premier niveau est intrinsèquement discret (mais pas forcément digital comme nous allons bientôt le voir). Le second niveau est intrinsèquement continu, puisqu'il correspond à une trajectoire d'organes physiques. L'onde acoustique produite est quant à elle reliée de manière déterministe mais complexe à cette trajectoire. En effet, la physique non linéaire du conduit vocal fait que de nombreuses configurations vocales produisent le même son, ou encore certaines configurations proches du point de vue articulatoire sont très différentes du point de vue acoustique. Les propriétés électromécaniques de la cochlée compliquent encore la forme de la fonction qui fait correspondre une perception à un programme moteur.

La théorie de la phonologie articulatoire propose en outre que les gestes ainsi que leur coordination sont des représentations de la parole qui permettent de relier la perception et la production. En effet, le cerveau des locuteurs d'une langue, quand il perçoit un son, semble reconstruire les configurations de constrictions qui

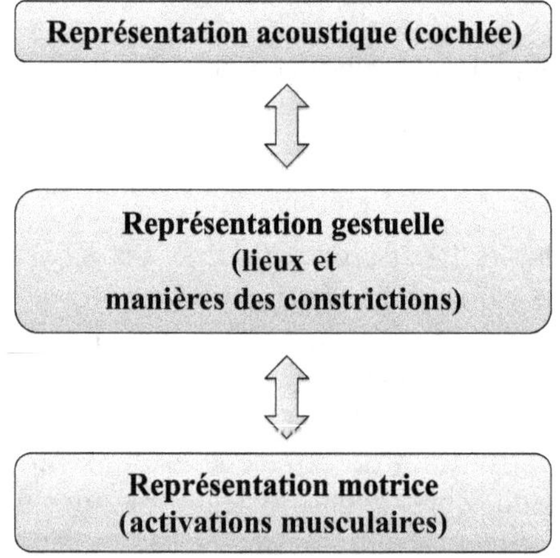


**Figure 2.7.** Le cerveau manipule trois représentations dans la perception et la production de la parole : la représentation acoustique, la représentation musculaire et la représentation gestuelle, utilisée pour catégoriser les sons. Le cerveau peut passer d'une représentation à l'autre selon la théorie de la phonologie articulatoire. (Adapté de Goldstein, 2003b).

ont produit ce son. La théorie motrice de la parole (Liberman et Mattingly, 1985) va même jusqu'à proposer que ce sont les représentations motrices qui sont utilisées pour catégoriser les sons – cela est néanmoins sujet à controverses (Moulin-Frier *et al.*, 2012). Ainsi, le cerveau serait capable de transcrire les représentations auditives fournies par la cochlée en représentations gestuelles ; il serait aussi capable de transcrire les représentations gestuelles en représentations musculaires (pour contrôler les organes de la parole) et *vice versa*. La figure 2.7 résume cette organisation.

## Organisation des structures de la parole : universaux

La comparaison des partitions gestuelles qui forment les mots montre des régularités frappantes à la fois à l'intérieur d'une même langue et entre les langues.

### DIGITALITÉ ET COMBINATORIALITÉ

Les vocalisations complexes que nous produisons sont codées phonémiquement. Cela implique deux aspects. D'abord, dans chaque langue, le continuum articulatoire et sonore qui définit les gestes est brisé en unités discrètes. Ensuite, ces unités sont réutilisées systématiquement pour construire des structures de plus haut niveau, comme les syllabes : c'est ce qu'on appellera ici la combinatorialité.

On pourrait pourtant imaginer que chaque syllabe soit spécifiée par une partition gestuelle comportant des gestes ou des combinaisons et coordinations de gestes uniques. Pour comparaison, il existe des systèmes d'écriture (Nakanishi, 1998) qui utilisent un symbole unique et holistique pour chaque syllabe. Ce sont des « syllabaires », par opposition aux « abécédaires ». En fait, au contraire des systèmes d'écriture, toutes les langues humaines ont un répertoire de gestes et de combinaisons de gestes, les phonèmes, qui est petit par rapport au répertoire de syllabes et dont les éléments sont systématiquement réutilisés pour fabriquer ces syllabes. Dans les langues de la base de données UPSID$_{451}$ (UCLA Phonological Segment Inventory Database), élaborée initialement par Maddieson (Maddieson, 1984), et qui contient 451 langues, la moyenne est d'une trentaine de segments phonologiques par langue. Plus

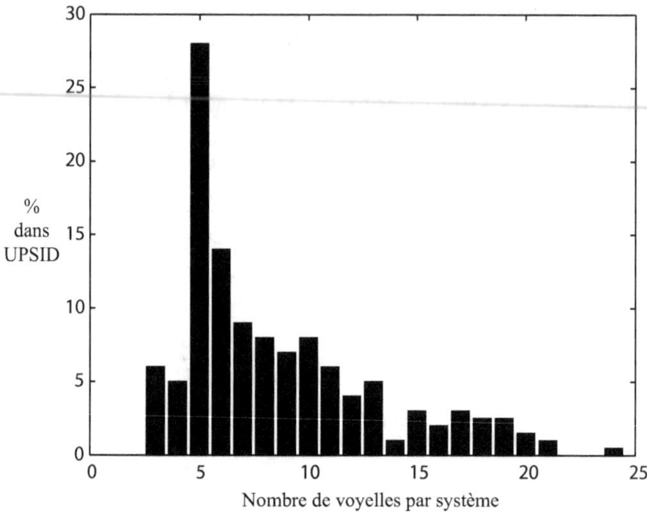


**Figure 2.8.** Distribution des tailles des répertoires de voyelles dans les langues du monde, selon la base de données UPSID. (Adapté d'Escudier et Schwartz, 2000.)

précisément, 22 consonnes et 5 voyelles sont les tailles les plus fréquentes, comme le montrent les figures 2.8 et 2.9. Cela est à comparer au nombre considérable de phonèmes que le conduit vocal peut produire physiquement : tout d'abord, les gestes peuvent physiquement faire varier l'emplacement de leur constriction de manière continue depuis le larynx jusqu'aux lèvres ; ils peuvent aussi faire varier continûment la manière (c'est-à-dire la forme et le degré de rétrécissement). Ensuite, comme les phonèmes sont des combinaisons de gestes, les possibilités combinatoires sont immenses. D'ailleurs, certaines langues comme le !xu (famille des langues khoisan en Afrique du Sud) utilisent plus de 140 phonèmes (mais ces langues sont très rares) ! Les phonèmes de la base de données UPSID sont au total au nombre de 920. Et néanmoins, malgré toutes ces possibilités, une langue donnée n'utilise en moyenne que quelques phonèmes, qu'elle recombine systématiquement pour former des centaines de syllabes, elles-mêmes recombinées pour former des dizaines de milliers de mots.

Ce phénomène de réutilisation systématique s'applique aussi aux gestes eux-mêmes, qui sont récursivement construits sur ce principe. En effet, nous venons d'expliquer que le lieu et la place

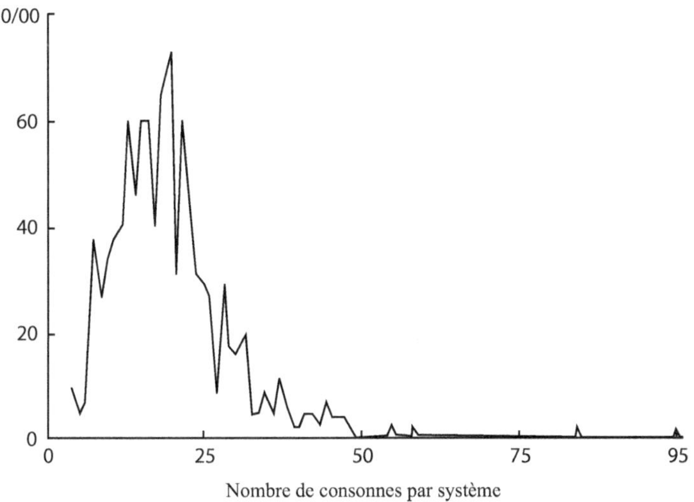



**Figure 2.9.** Distribution des tailles des répertoires de consonnes dans les langues du monde, selon la base de données UPSID. (Adapté d'Escudier et Schwartz, 2000.)

de constriction qui spécifient un geste peuvent varier continûment. Or dans une langue donnée, parmi tous les gestes, seul un petit nombre de lieux et de manières apparaissent et sont réutilisés (en variant les combinaisons bien sûr) pour les former. Les gestes pourraient pourtant avoir un lieu d'articulation particulier à chacun, tout en étant réutilisés dans de nombreuses syllabes, mais ce n'est pas le cas. Par exemple, pour chaque manière d'articulation, 95 % des langues n'utilisent que trois lieux. Les langues de six, sept ou huit lieux ne correspondent qu'à 15 % des langues.

Ainsi, dans l'espace immense et continu des gestes possibles, la parole sculpte des briques de base qu'elle réutilise de manière systématique. Elle digitalise le continuum gestuel et phonémique. La parole, déjà discrète du point de vue de son mode de contrôle qui implique des commandes pour spécifier des objectifs articulatoires, est en plus digitale (c'est-à-dire que les objectifs articulatoires possibles dans une langue sont en nombre fini et petit, alors que physiquement ils pourraient être répartis sur tout le continuum articulatoire) et combinatorial. Ainsi, deux aspects sont remarquables, le premier étant la discrétisation de l'espace continu des gestes, le second étant le triple niveau de réutilisation systématique :

– les lieux et manières sont réutilisés pour former les gestes ;

– les gestes et leurs combinaisons sont réutilisés pour former les syllabes ;

– les syllabes sont réutilisées pour former des mots.

## UN SYSTÈME DE CATÉGORISATION DES VOCALISATIONS PARTAGÉ PAR TOUS LES MEMBRES D'UNE COMMUNAUTÉ LINGUISTIQUE

Tous les locuteurs d'une même langue perçoivent et catégorisent les sons à peu près de la même manière. Cependant, les locuteurs de langues différentes peuvent percevoir et catégoriser les sons de manière très différente. Chaque communauté linguistique a donc son propre système de catégorisation des vocalisations, qui donc est une forme de convention culturelle. Nous allons maintenant détailler cette propriété de la parole.

Tout d'abord, la perception de la parole est marquée par une unité psychologique dans une même communauté linguistique, malgré sa grande variabilité physique. Différents sons physiques associés à des trajectoires différentes des organes du conduit vocal peuvent en effet correspondre au même son psychologique, comme le [d] dans « idi », « ada » ou « udu » pour des locuteurs français. Les sons sont différents car les gestes qui spécifient le [d] se superposent aux gestes qui spécifient les [i], [a] et [u] : les buts articulatoires entrent temporairement en compétition et les organes doivent faire un compromis pour les satisfaire au mieux. Il en résulte que les spécifications des gestes ne sont pas exactement remplies, mais sont plutôt approximées par le système moteur de bas niveau. C'est le phénomène de coarticulation, qui explique la variabilité sonore et motrice des sons. La coarticulation apparaît non seulement quand les contextes d'un même segment changent, mais aussi quand le rythme d'élocution change. Ainsi, chaque phonème dans une même langue peut être réalisé de plusieurs manières différentes, tout en restant identifiable par les locuteurs de cette langue. Les variantes d'un phonème telles que les locuteurs sont capables de le reconnaître s'appellent les allophones. Les variations sont les plus faibles dans l'espace des gestes : la coarticulation peut mettre en œuvre des trajectoires

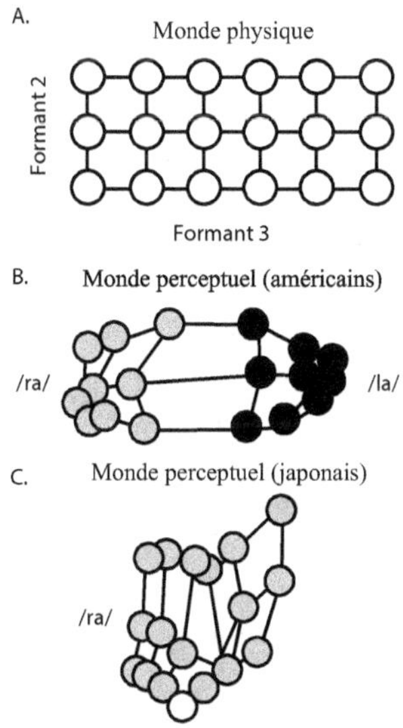



**Figure 2.10.** Kuhl et ses collègues (Kuhl *et al.*, 1992) ont demandé à des sujets d'évaluer entre 1 et 10 la similarité de couples de consonnes qu'elle leur faisait entendre, et qui étaient des variations continues entre le [r] et le [l] (les consonnes étaient suivies de la voyelle [a]), et dont les valeurs sont représentées par les ronds sur la figure du haut. Un groupe était composé de sujets américains, l'autre de sujets japonais. On peut déduire des résultats une représentation graphique qui représente la manière subjective dont ils perçoivent chaque voyelle. Cette carte de leur perception subjective est représentée en B pour les Américains et en C pour les Japonais. On voit que les Américains perçoivent subjectivement deux catégories sonores dans ce continuum, alors que les Japonais n'en perçoivent qu'une. De plus, aux alentours, de [r] et de [l] pour les Américains, les sons sont subjectivement encore plus similaires qu'ils ne le sont les uns des autres mesurés dans un espace physique. (Adapté de Kuhl *et al.*, 1992.)

musculaires ou acoustiques très variables, mais qui préservent à peu près les objectifs articulatoires en termes de relations entre organes. Pour cette raison, la représentation gestuelle est centrale à la parole. Cependant, même si le niveau des commandes est invariant, le niveau de leur réalisation comporte des variabilités qui sont gérées de manière précise et particulière à chaque langue. Dans une langue donnée, tous les locuteurs partagent la même manière de décider quels sont les sons qui sont des variantes du même phonème et quels sont ceux qui sont des variantes de phonèmes différents. Cette organisation de l'espace des sons est culturellement spécifique à chaque langue. Par exemple, les Japonais identifient le [r] de *read* et le [l] de *lead* comme étant des allophones : ils catégorisent ces deux sons de la même manière, alors que les Anglais ont deux catégories distinctes.

Non seulement les locuteurs d'une même langue partagent une manière de catégoriser les sons qui leur est spécifique, mais ils partagent aussi une manière de les percevoir subjectivement : ils ont les mêmes « sensations » des sons. Par contre, les locuteurs de langues différentes ont des sensations différentes. Cela est révélé par l'effet « perceptuel magnétique » et les travaux de Kuhl et ses collègues (Kuhl *et al.*, 1992). Quand on demande à des sujets d'évaluer la similarité de deux phonèmes (sur une échelle de 1 à 10), et que ces phonèmes ont une distance donnée dans un espace de mesures physiques (e.g. le spectre d'amplitude), on s'aperçoit que quand les deux phonèmes appartiennent à la même catégorie, alors la similarité donnée par les sujets est supérieure à celle qu'ils évaluent pour deux phonèmes qui n'appartiennent pas à la même catégorie mais qui pourtant ont la même distance dans l'espace de mesure physique. Pour résumer, les différences perceptuelles intracatégorielles sont diminuées, et les différences intercatégorielles sont augmentées. C'est une sorte de déformation perceptuelle, ou encore d'illusion acoustique (*perceptual warping*), dans laquelle les centres des catégories attirent perceptuellement les éléments de la catégorie comme des aimants. Cet effet est encore une fois culturellement spécifique : les déformations perceptuelles sont particulières à chaque langue. La figure 2.10 illustre cet effet.

## RÉGULARITÉS STATISTIQUES DES RÉPERTOIRES DE PHONÈMES DANS LES LANGUES HUMAINES

L'étude statistique des langues montre des tendances universelles qui caractérisent les répertoires de phonèmes et de gestes qui les composent. Certains phonèmes sont très fréquents, alors que d'autres sont très rares : 87 % des langues d'UPSID contiennent les voyelles [a], [i] et [u], alors que seulement 5 % contiennent [y], [oe] et [ui]. Plus de 90 % des langues incluent [t], [m] et [n] dans leur répertoire, comme le montre le tableau de la figure 2.11. Il en est de même pour les gestes, et en particulier les lieux et les manières d'articulation : 15 % des langues possèdent le lieu alvéo-

| C | % | C | % |
|---|---|---|---|
| t | 97.5 | g | 56.2 |
| m | 94.4 | ŋ | 52.7 |
| n | 90.4 | ʔ | 48.0 |
| k | 89.5 | tʃ | 41.8 |
| j | 84.0 | f | 41.6 |
| p | 83.3 | F | 40.0 |
| w | 76.8 | dz | 34.9 |
| s | 73.5 | ɲ | 31.3 |
| d | 64.7 | tˢ | 29.3 |
| b | 63.8 | kʰ | 22.9 |
| h | 62.0 | pʰ | 22.4 |
| l | 56.9 | vʳ | 21.1 |

**Figure 2.11.** Distribution des consonnes dans les langues d'UPSID. (Adapté d'Escudier et Schwartz, 2000.)

dental et bilabial, alors que moins de 3 % possèdent les lieux rétroflexes et uvulaires. De même, 38 % des langues possèdent des plosives, alors que 3,9 % ont des vibrantes.

Les régularités ne s'appliquent pas seulement aux phonèmes pris individuellement, mais aussi à la structure des répertoires. Cela veut dire que par exemple, si un système contient une voyelle avant non labialisée d'une certaine hauteur, comme le [e] de *bet* en anglais, alors il a tendance à contenir aussi la voyelle arrière labialisée de la même hauteur, comme le [aw] de *hawk* en anglais. La présence de certains phonèmes est donc corrélée à la présence d'autres phonèmes. Certains systèmes de voyelles sont aussi très fréquents, alors que d'autres plus rares. Le système de 5 voyelles /[i], [e], [a], [o], [u]/ caractérise 28 % des langues comme l'indique la figure 2.12.

Il y a aussi des régularités qui régissent la manière dont les phonèmes sont combinés. Dans une langue donnée, toutes les séquences de phonèmes du répertoire ne sont pas autorisées. Les locuteurs ont cette connaissance (souvent de manière inconsciente), et si on leur demande d'inventer un mot nouveau, il sera composé de séquences de phonèmes non arbitraires (certaines ne seront jamais utilisées). Par exemple, en anglais, *spink* est un mot possible, alors que [npink] ou [ptink] sont impossibles. Là encore, les règles qui régissent l'ordonnancement possible des phonèmes, qui s'appellent

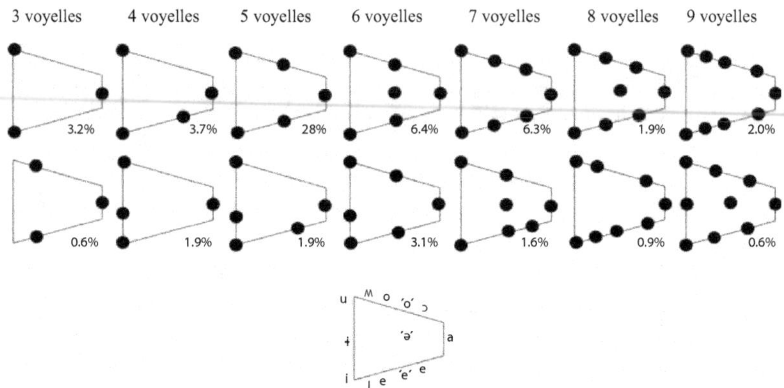



**Figure 2.12.** Distribution des systèmes de voyelles dans les langues d'UPSID. Le triangle représente deux dimensions qui caractérisent les voyelles : le premier et le second formant (les formants sont les fréquences pour lesquelles il y a un pic dans le spectre de puissance du signal, c'est-à-dire là où les harmoniques ont des amplitudes maximales). (Adapté d'Escudier et Schwartz, 2000.)

la *phonotactique*, sont culturelles et particulières à chaque langue. En berbère, les mots prononcés [tgzmt] et [tkSmt] sont autorisés, alors qu'ils ne le sont pas en français. De manière générale, si on prend comme cadre de référence la syllabe, qui comporte un certain nombre d'emplacements pour les phonèmes, les phonèmes d'une langue ne peuvent apparaître qu'à certains endroits précis. Il y a des langues comme le japonais où les syllabes ne peuvent comporter que deux phonèmes ; les consonnes ne peuvent alors apparaître qu'en première position et les voyelles en deuxième position (on note ces syllabes « CV »). Ce sont parfois aussi les groupes, ou clusters, de phonèmes qui ne peuvent prendre que certaines places.

En outre, il y a des combinaisons de phonèmes qui sont statistiquement préférées aux autres dans les langues du monde. Toutes les langues permettent d'utiliser des syllabes de type CV, alors que beaucoup n'autorisent pas de clusters de consonnes en début de syllabes. Les langues préfèrent statistiquement les syllabes de type CV, puis celles de type CVC, puis celles de type CC, puis CCV, puis CVVC/CCVC/CVCC. Les syllabes ont une tendance à commencer par un phonème dont le degré d'obstruction de l'air est grand, puis à laisser ensuite diminuer le degré d'obstruction de l'air jusqu'à un pic, et ensuite de le réaugmenter jusqu'au dernier phonème. On appelle cela le « principe de sonorité hiérarchique ».

# Diversité des structures de la parole
## dans les langues humaines

Certaines des régularités que nous avons présentées dans la partie précédente sont systématiques et communes à toutes les langues. C'est le cas de la réutilisation de phonèmes et de gestes, ainsi que de leur digitalisation ; c'est aussi le cas de la catégorisation partagée par les locuteurs de chaque langue, ainsi que des phénomènes d'illusions acoustiques liées à la connaissance de son propre répertoire de phonèmes.

Au contraire, les régularités concernant les répertoires de gestes et de phonèmes, ainsi que les préférences phonotactiques, ne sont que statistiques. Cela met en lumière un aspect tout aussi frappant des systèmes de parole du monde : leur diversité. Rappelons que les langues d'UPSID comportent 177 voyelles et 654 consonnes (et encore, cette classification regroupe des phonèmes qui ne sont pas exactement les mêmes). Alors que la moyenne est de 5 voyelles par langues, certaines en ont plus de 20 ; alors que la moyenne est de 22 consonnes, certaines n'en ont que 6 (e.g. le rotoka, langue indo-pacifique) ou en ont 95 (e.g. le !xu, langue khoisan). Comme nous l'avons vu plus haut, la manière de catégoriser les sons varie aussi beaucoup : par exemple le chinois utilise les tons (la hauteur) pour différencier les sons, ce que l'oreille d'un locuteur français aura beaucoup de mal à appréhender.

# Origine, développement et formes :
## trois questions fondamentales

Dans les parties précédentes, nous avons décrit certaines des structures essentielles de la parole, ainsi que leur rôle dans les langues humaines contemporaines. Le code de la parole est ainsi un attribut fondamental des hommes modernes. L'origine de ces structures, qu'on pourrait appeler aussi traits ou formes, constitue une question fondamentale que la recherche sur les origines du langage étudie au même titre que les biologistes essaient d'expliquer l'origine d'une structure morphologique comme les mains ou l'origine d'une capacité comme la bipédie.

Le code de la parole est un objet très complexe, et chercher à expliquer son origine implique de répondre à plusieurs questions, correspondant à plusieurs points de vue. Tout d'abord, nous avons vu que c'était un système conventionnel, et qu'il s'apparentait à une norme formée lors de l'interaction des individus au cours de leur vie. Certains travaux, notamment dans le contexte des modèles algorithmiques basés sur la notion de jeux de langage (Steels, 1997 ; Kaplan, 2000 ; de Boer, 2001 ; Oudeyer et Kaplan, 2007 ; Steels, 2012 ; Moulin-Frier *et al.*, 2012), ont permis de montrer comment une norme linguistique peut être formée et peut évoluer dans une société d'individus qui disposent de protocoles d'interaction conventionnalisés et ritualisés qui structurent l'apprentissage linguistique.

La question de savoir comment les toutes premières normes ont été établies, quand les interactions ritualisées et structurées n'existaient pas, et que donc aucun jeu de langage n'était possible, reste quant à elle très peu explorée. Elle s'applique tout particulièrement à la formation des premiers codes de la parole. En effet, nous avons vu que chez l'homme contemporain les codes de la parole permettent de fournir un répertoire de formes qui sert à véhiculer des informations dans le cadre des interactions linguistiques conventionnalisées. Or, sans code de la parole (ou de gestes), il est donc impossible d'avoir une interaction de communication ritualisée, car celle-ci nécessite un répertoire partagé de formes. Se pose donc la question de savoir comment un code de la parole peut apparaître sans qu'il y ait déjà des interactions conventionnalisées ou ritualisées, c'est-à-dire sans présupposer l'existence d'aucune convention linguistique partagée par les individus d'une communauté.

Ensuite, on doit se demander pourquoi le code de la parole humaine est tel qu'il est. Tout d'abord, si l'on prend un point de vue extérieur et structuraliste : comment se fait-il que la parole soit digitale et sculpte des briques de bases dans le continuum articulatoire et les réutilise systématiquement ? Comment se fait-il que les sons soient regroupés en catégories ? Comment se fait-il qu'il y ait des préférences pour les lieux d'articulation, les manières, les phonèmes qui composent les répertoires des langues du monde ? Comment se fait-il qu'il y ait des règles syntactiques qui gouvernent la formation des syllabes ? Comment se fait-il que certaines règles soient préférées à d'autres ? Comment se fait-il qu'il y ait en même temps des régularités et de la diversité ?

Le point de vue intérieur, correspondant à celui de la psychologie et des neurosciences, pose, lui, des questions parallèles : comment un locuteur peut-il acquérir un système sonore au cours de son développement ? Quels sont les mécanismes sensori-moteurs ou cognitifs qu'il utilise ? Comment le répertoire de gestes est-il appris ? Comment se fait-il que nous percevions les sons de manière subjective, avec des illusions acoustiques ?

La question de l'origine des premiers codes conventionnalisés de la parole, la question de la forme générale de ce code dans les langues contemporaines et celle des mécanismes développementaux d'acquisition de ce code sont d'ordinaire traitées par des communautés scientifiques différentes, et ne sont pas abordées de front en même temps. C'est pourtant ce que nous ferons dans les chapitres suivants et dans le cadre des expérimentations *in silico* que nous présenterons : nous essaierons en particulier de montrer que la prise en compte simultanée de ces problématiques peut se faire de manière raisonnée et fournir des théories qui les éclairent d'une lumière originale. C'est en essayant de ne pas trop isoler les questions dans un premier temps, en gardant une vision systémique et complexe du phénomène de la parole, qu'on essaiera de montrer qu'alors la complexité de ces problématiques s'en trouve réduite[1].

Les questions que l'on se pose sur l'origine et la forme du code de la parole sont les analogues des questions que les biologistes se posent en général sur l'origine des formes, des traits ou des structures des organismes vivants. Nous devons donc les considérer dans un cadre général de l'origine des formes dans la nature. Cela permet de préciser quels sont les types de réponses qui sont nécessaires ainsi que les pièges qu'il faut éviter. C'est pourquoi avant de continuer à détailler les problématiques de l'origine du code de la parole et de développer des théories précises, nous allons prendre un peu de recul et réfléchir sur les mécanismes qui sont à l'origine des formes dans la nature en général. Le prochain chapitre va ainsi présenter le phénomène de l'auto-organisation, qui caractérise un certain nombre de mécanismes créateurs de formes, ainsi que la théorie de la sélection naturelle, qui est un mécanisme créateur de forme particulièrement présent dans la sculpture des organismes vivants. Nous essaierons surtout de présenter une articulation raisonnée entre le concept d'auto-organisation et celui de sélection naturelle, qui permet de dessiner l'architecture des argumentations nécessaires à l'explication de l'origine des formes vivantes.

---

1. Garder un certain niveau de complexité des problématiques au niveau global conduira évidemment à la réduire au niveau local ; nous discuterons dans le chapitre 5 des avantages et inconvénients de ce parti pris.

# CHAPITRE 3

# Auto-organisation
# et évolution des formes du vivant

## *Auto-organisation dans le monde inorganique*

L'auto-organisation caractérise la genèse des formes et des motifs organisés dans la nature pour lesquels les propriétés structurelles globales sont qualitativement différentes de celles présentes au niveau local. Par exemple, la forme symétrique et globale du cristal de glace n'est pas une transposition directe de la forme ou des propriétés des molécules d'eau en interaction qui le composent, qui sont qualitativement différentes. L'auto-organisation forme un concept fondamental de la science moderne[1] qui caractérise toute une variété de systèmes naturels, et pour lesquels les mécanismes créateurs de formes ne sont pas forcément des instances de la sélection naturelle (par exemple ceux impliqués dans la formation des structures inorganiques). Il n'existe certainement pas de principes universels qui permettent de relier rigoureusement tous les systèmes qui sont auto-organisés, mais cependant un certain nombre de composantes reviennent assez souvent : brisure de symétrie, compétition entre des forces, boucles de renforcement positif, présence d'attracteurs de systèmes dynamiques, flux d'énergie dans les structures dissipatives, non-linéarités et bifurcations, bruit (voir [Ball, 2011] pour des exemples variés). Nous allons détailler deux exemples classiques de systèmes qui ont cette propriété d'auto-organisation. Ils appartiennent tous deux au monde inorganique, ce qui permet d'illustrer des mécanismes de morphogenèse qui ne font pas intervenir la sélection naturelle.

---

1. L'auto-organisation n'est pas un mécanisme, comme on le lit parfois dans la littérature : c'est une propriété.

## CELLULES DE RAYLEIGH-BÉNARD

Prenons d'abord pour exemple la formation des cellules de Rayleigh-Bénard. Ce phénomène se passe quand une fine couche de liquide est placée sur le fond plat d'une poêle. Si on ne chauffe pas le liquide, alors il reste dans un état d'équilibre. Les propriétés du système sont homogènes, la température est la même partout. Le système est symétrique à l'échelle macroscopique. Si maintenant on chauffe doucement la poêle par le dessous, la chaleur va être transférée du bas vers le haut par un processus de conduction thermique. Cela veut dire qu'il n'y a pas de déplacement macroscopique du fluide, mais plutôt une augmentation de l'agitation thermique des particules qui, de voisinage en voisinage, se propage jusqu'à la surface, plus froide. Les couches de liquide de températures différentes acquièrent des densités et donc des poids différents, qui sous l'effet de la gravité font qu'il y a une force qui pousse les couches du haut (plus froides) vers le bas et les couches du bas (plus chaudes) vers le haut. Cette force dépend de la différence de température entre le bas et le haut du liquide. Elle entre en compétition avec la viscosité du liquide, qui est un obstacle au mouvement du fluide.

Donc, quand la différence de température est faible, le liquide ne bouge pas et c'est la conduction thermique qui a lieu. Mais si elle dépasse un seuil critique, alors le fluide se met soudainement à bouger au niveau macroscopique, avec l'apparition de courants de convection. Ces courants ne sont pas aléatoires, mais s'organisent en structures très particulières, qui brisent la symétrie du

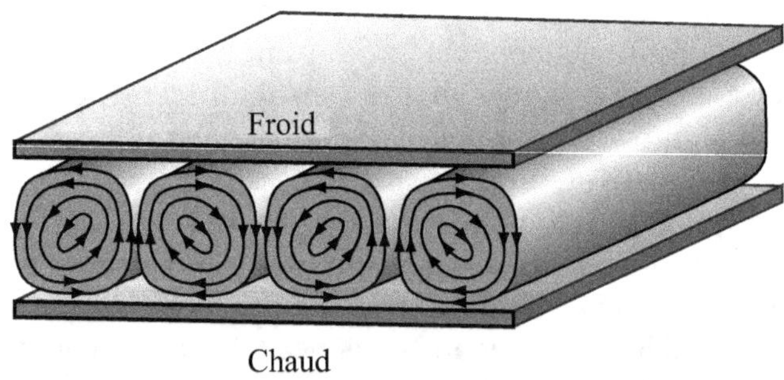


**Figure 3.1.** Si on chauffe une petite couche d'huile dans une poêle alors, à partir d'une certaine différence de température entre le haut et le bas, des courants de convection organisés en bandes parallèles s'auto-organisent.

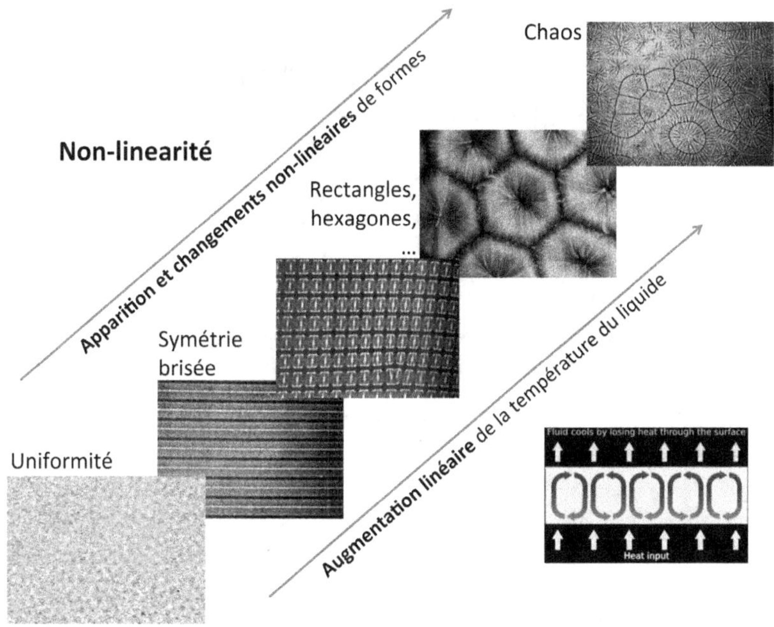


**Figure 3.2.** Représentation des motifs de convection dans les liquides de Rayleigh-Bénard quand on élève la température : d'abord des bandes parallèles se forment, puis ce sont des cellules carrées et apparaissent, pour des températures plus élevées, des polygones. Si la température devient encore plus élevée, alors les motifs réguliers se dissolvent dans un flux de turbulences. (Adapté de Tritton, 1998 ; Velarde.)

liquide sans pour autant la faire disparaître totalement, et dont les dimensions caractéristiques sont de plusieurs ordres de grandeur supérieure à celle des forces qui s'appliquent au niveau moléculaire.

D'abord, juste au-dessus d'une température dite « critique », se forment des bandes parallèles de forme carrée (voir figure 3.1). Deux bandes voisines opèrent un mouvement de rotation du liquide en sens inverse l'une de l'autre. La symétrie a été brisée de manière minimale : alors qu'il a deux dimensions planes, le système reste symétrique selon celle qui est parallèle aux bandes. Si la température augmente encore, alors spontanément se forment des bandes dans la direction perpendiculaire aux premières bandes qui se sont formées. Le liquide s'organise alors en cellules carrées de convection. Si la température augmente encore, alors ce sont des formes polygonales qui apparaissent et qui peuvent parfois paver le plan

**Figure 3.3.** Il existe une température pour laquelle les cellules de Bénard pavent le plan avec des hexagones réguliers.

de manière régulière avec des hexagones. Les figures 3.2 et 3.3 représentent ces différents états. Si la température devient très élevée, alors ces motifs réguliers se transforment en turbulences chaotiques. Si on arrête de chauffer le liquide de manière à obtenir une différence de température nulle entre le haut et le bas, alors les motifs de convection disparaissent et le liquide retourne dans son état d'équilibre où la température est uniforme et où il n'y a pas de déplacement macroscopique du liquide. Il est intéressant de noter que ces étapes successives et spontanées sont le résultat d'une augmentation continue et linéaire de la température : la dynamique du système est donc non linéaire. Nous avons ici affaire à un exemple de système dans lequel la formation de motifs requiert qu'il soit poussé loin de son équilibre par un flux continu d'énergie qui rentre et qui sort (l'agitation thermique ici). On dit qu'un tel système est dissipatif (Nicolis et Prigogine, 1977). Cependant, l'auto-organisation ne concerne pas seulement les systèmes loin de l'équilibre, mais peut aussi avoir lieu quand un système évolue vers son équilibre.

## LA FERROMAGNÉTISATION

Un autre exemple de système naturel qui a la propriété d'auto-organisation est celui des plaques de fer. Une plaque se compose d'un assemblage d'atomes qui sont chacun des sortes d'aimants microscopiques. Chacun de ces atomes peut avoir deux orientations magnétiques possibles, notées $-1$ ou $+1$. L'état de chaque atome dépend et évolue en fonction de deux paramètres : l'état de ses voisins, dont il tend à prendre l'orientation majoritaire, et la température, qui le fait changer d'état aléatoirement d'autant plus souvent qu'elle est élevée (et qui n'intervient pas si elle est nulle). Tout d'abord, le comportement d'un morceau de fer, arrangement macroscopique de ces atomes, a déjà un intérêt quand la température est nulle. En effet, quel que soit l'état de départ de chacun des atomes, le système s'auto-organise de telle manière qu'au bout d'un certain temps, tous les atomes ont pris le même état, qui peut être $+1$ ou $-1$, et restent dans cet état d'équilibre. Même si chaque atome est initialement dans un état aléatoire, il se forme une sorte de consensus global qui fait que deux atomes même très distants finiront par avoir la même orientation. Les deux états d'équilibre (« tout le monde à $+1$ » ou « tout le monde à $-1$ ») sont appelés les attracteurs du système dynamique formé par l'ensemble des atomes. Si la mise à jour de chaque atome se fait de manière asynchrone et aléatoire, ce qui constitue une bonne approximation de la réalité, alors on ne peut pas prédire quel sera l'état d'équilibre qui sera atteint : celui-ci dépend de l'histoire de chaque système. Le cas le plus incertain apparaît quand initialement les neurones sont dans un état aléatoire tel qu'il y a autant de neurones dans l'état $+1$ que dans l'état $-1$. C'est un état macroscopiquement symétrique puisque aucune direction n'est privilégiée. Cet état initial correspond à un équilibre puisque statistiquement autant d'atomes se transforment de $+1$ en $-1$ que de $-1$ en $+1$, mais c'est un équilibre instable. En effet, la mise à jour des états des neurones va provoquer des fluctuations qui vont faire que la proportion d'un état par rapport à l'autre va varier autour de 1. Or plus il y a par exemple de $+1$, plus les atomes qui ont cet état ont de chances de convertir les autres dans le même état qu'eux. Cela peut faire boule de neige : on appelle ce phénomène « boucle de renforcement (ou de rétroaction) positif ». À un certain moment, l'une des fluctuations aléatoires des proportions entre états s'amplifie par une boucle de rétroaction positive. Une orientation magnétique est alors « choisie » par tous les atomes et magnétise le morceau de fer au niveau macroscopique. La symétrie est alors brisée.

Si maintenant la température devient positive, et qu'elle modifie aléatoirement l'état des atomes d'autant plus souvent qu'elle est grande, alors il existe trois cas de figure. Tout d'abord, si elle est faible, alors son effet ne fait que ralentir la convergence du

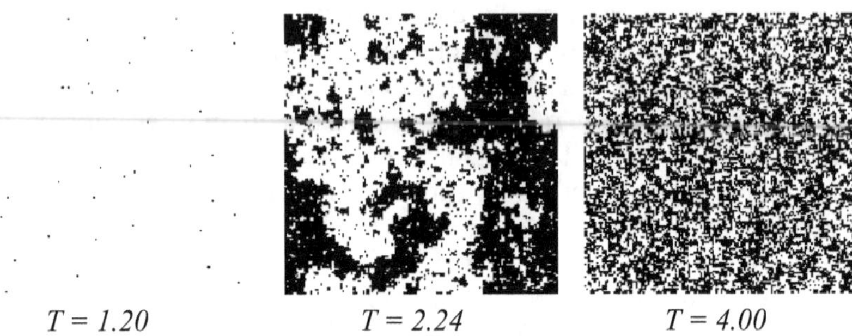



**Figure 3.4.** Représentation des états des atomes dans un modèle de structure ferromagnétique bidimensionnelle. Les points sont blancs ou noirs selon que l'atome qu'ils représentent est dans l'état +1 ou −1. Le carré de gauche représente une configuration typique obtenue à partir d'une configuration initiale aléatoire quand la température reste faible (les atomes sont presque tous dans le même état) ; le carré de droite représente une configuration typique quand la température devient élevée (les atomes sont dans des états aléatoires) ; le carré central représente une configuration typique dans une zone de température intermédiaire (les atomes forment des zones aux formes complexes à l'intérieur desquelles ils sont tous dans le même état).

morceau de fer vers l'état où tous les atomes partagent la même orientation magnétique. Si elle est très grande au contraire, elle devient le mécanisme prépondérant par rapport aux forces d'interactions magnétiques locales entre les atomes. Alors plus aucun ordre n'apparaît et l'état de chaque atome évolue aléatoirement au cours du temps. Le morceau de fer est démagnétisé. Plus intéressante est une situation intermédiaire, correspondant à une zone de température très étroite : il apparaît dans le morceau de fer de grandes régions aux formes complexes mais bien définies, composées d'atomes qui ont à l'intérieur de chacune majoritairement les mêmes états. C'est un état entre l'ordre et le désordre, parfois appelé « complexité au bord du chaos » (Kauffman, 1996). En faisant varier le paramètre de température, on fait apparaître le phénomène de transition de phase : de l'état complètement ordonné, on passe après un seuil critique à un état formé de motifs complexes, puis rapidement à un état de désordre total. Les figures 3.4 et 3.5 font une représentation de ces transitions de phases dans un modèle bidimensionnel de plaques ferromagnétiques.

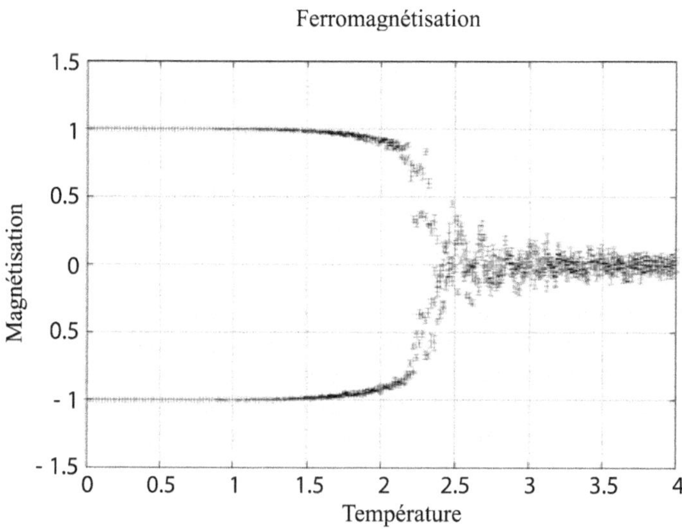


**Figure 3.5.** Représentation de la magnétisation d'un modèle bidimensionnel ferromagnétique, après relaxation à partir d'un état aléatoire, et en fonction de la température. Quand celle-ci reste faible, le morceau de métal s'auto-organise et tous ses atomes adoptent la même orientation magnétique. Deux orientations sont possibles, correspondant à deux magnétisations opposées comme nous le voyons sur la figure. Quand la température s'élève, alors l'état final se compose aussi d'atomes dans des états aléatoires, et donc globalement il n'y a pas plus d'atomes dans une direction que dans l'autre : le morceau de fer n'est pas magnétisé. Entre les états magnétisés et non magnétisés, nous voyons que la transition est rapide et non linéaire. Ce diagramme est aussi une manière de représenter le phénomène de bifurcation au travers de la fourche.

Ces deux exemples de systèmes auto-organisés ont un certain nombre de points communs que l'on retrouvera dans les systèmes artificiels décrits dans les chapitres suivants : ils sont tous les deux caractérisés initialement par une symétrie macroscopique qui ensuite se brise ; néanmoins l'état final auto-organisé se caractérise par un certain nombre de régularités qui en font un système « organisé » ; on peut prédire qualitativement la forme globale de cet état final, mais pas quantitativement car celui-ci dépend de l'histoire du système soumis à des fluctuations aléatoires ; il y a compétition entre des forces qui poussent le système dans des directions opposées ; le système a un paramètre de contrôle dont la valeur détermine plusieurs types de comportements ou « phases », et la variation continue et linéaire de ce paramètre s'accompagne de transitions rapides et non linéaires entre les différentes phases.

## Auto-organisation, sélection naturelle et développement des individus

Les exemples de la partie précédente ont été volontairement choisis parmi les systèmes inorganiques pour montrer que la propriété d'auto-organisation peut caractériser des systèmes dont les mécanismes sont très différents de celui de la sélection naturelle. Cependant, l'auto-organisation s'applique également aux systèmes vivants. C'est d'ailleurs un concept largement utilisé dans plusieurs champs de la biologie. Il est en particulier central aux théories qui expliquent les facultés des sociétés d'insectes à construire des nids ou des ruches, à chasser en groupe ou explorer de manière décentralisée et efficace les ressources de nourriture de l'environnement (Camazine *et al.*, 2003). En biologie du développement, et en particulier grâce aux travaux visionnaires de modélisation mathématique et informatique d'Alan Turing dans les années 1950 (Turing, 1952), il sert aussi par exemple à expliquer la formation des patterns colorés sur la peau des animaux comme les papillons, les zèbres, les jaguars ou les coccinelles. L'auto-organisation caractérise aussi la manière dont les bancs de poissons évoluent en synchronisation pour éviter les prédateurs (Ball, 2001).

Il semble donc qu'il soit possible qu'il y ait dans les systèmes biologiques des mécanismes créateurs de formes et de structures qui soient orthogonaux à la sélection naturelle, et ce grâce à leur propriété d'auto-organisation. Pourtant, la sélection naturelle constitue le cœur de la quasi-totalité des argumentations en biologie quand il s'agit d'expliquer la présence d'une structure, d'une forme ou d'un motif dans un organisme. Quelle est donc l'articulation entre la théorie de la sélection naturelle et l'auto-organisation ?

Certains chercheurs ont proposé l'idée que l'auto-organisation remettait en question le rôle central de la sélection naturelle dans l'explication de l'évolution des organismes vivants. Waldrop écrit (Waldrop, 1990) : « Les systèmes dynamiques complexes peuvent parfois passer spontanément d'un état de désordre à un état d'ordre ; est-ce une force motrice de l'évolution ? [...] Avons-nous manqué quelque chose à propos de l'évolution – un principe clé qui a contrôlé le développement de la vie de manière différente de la sélection naturelle, des dérives génétiques, et de tous les autres mécanismes que les biologistes ont invoqués au cours des années ? [...] Oui ! Et l'élément manquant [...] est l'auto-organisation spontanée : la tendance qu'ont les systèmes dynamiques complexes à se placer dans des états ordonnés sans qu'il soit besoin d'aucune pression de sélection. »

Cependant, plutôt que de voir l'auto-organisation comme un concept qui minimise le rôle de la sélection naturelle en proposant des mécanismes créateurs de formes concurrents, il est plus exact de le voir, d'une part, comme correspondant à un niveau d'explication un peu différent et surtout, d'autre part, comme décrivant des mécanismes qui décuplent la puissance de la sélection naturelle. Les mécanismes ayant la propriété d'auto-organisation sont donc complètement intégrables au mécanisme de la sélection naturelle dans l'explication de l'évolution des formes du vivant.

## NÉODARWINISME

Pour le voir précisément, il faut d'abord rappeler en quoi consiste le mécanisme de la sélection naturelle sur laquelle repose la théorie darwinienne de l'évolution. Il caractérise un système composé d'individus ayant chacun des traits, des formes ou des structures particuliers. Ensuite, les individus de ce système sont capables de se répliquer. Cette réplication doit parfois générer des individus qui ne sont pas les exactes copies de leurs ancêtres, mais des variations. Ce sont ces variations qui sont a la source de la diversité des individus. Enfin, chaque individu a la capacité de se répliquer plus ou moins efficacement selon sa structure et l'environnement qui l'entoure. D'ailleurs, le plus souvent, l'environnement est tel qu'il ne permet pas à tous les individus de survivre ensemble. Ainsi, la réplication différentielle des individus dans un environnement qui ne permet pas que tout le monde survive donne lieu à une « sélection » de ceux qui sont le plus aptes à se répliquer. La combinaison du processus de variation et du processus de sélection fait que, au cours des générations, les structures ou traits des individus qui les aident le mieux à se reproduire sont conservés et améliorés.

Maintenant, il est un point crucial sur lequel la théorie de la sélection naturelle, telle que formulée par Darwin, reste neutre : c'est la manière dont sont générées les variations, et plus généralement la manière dont sont générés les individus, avec leurs formes, leurs traits et leurs structures.

Le néodarwinisme, extension de la théorie darwinienne développée au XXᵉ siècle, propose quant à lui une réponse : les structures biologiques des individus seraient spécifiées par leurs gènes, contrôlant la construction de l'organisme, et leurs mutations et le *cross-over* (quand il y a reproduction sexuée) seraient la manière de faire varier les propriétés ou les traits de ces structures. Cette explication serait suffisante si la relation entre les gènes et les traits ou les formes de l'organisme était simple, directe et linéaire. Dans ce cas, en effet, l'exploration de l'espace des formes (qui déterminent avec l'environnement le degré d'efficacité de réplication des gènes) pourrait être comprise simplement en étudiant l'évolution des séquences génétiques par mutations et *cross-over*. Or les mécanismes de mutations qui permettent ces déplacements dans l'espace des génomes sont linéaires et de petite amplitude (la plupart des mutations n'affectent qu'une toute petite partie des génomes quand il y a réplication). Ce qui veut dire que dans l'hypothèse où les deux espaces auraient la même structure, alors l'espace des formes serait exploré de manière quasi continue, par petites modifications successives des formes préexistantes. Heureusement pour l'apparition des formes de vie complexes, ce n'est pas le cas. En effet, si ce mécanisme de petites variations successives des formes a son efficacité, notamment pour le réglage fin des structures des organismes, il rendrait la recherche des formes aussi complexe que celles d'organismes comme les mammifères équivalente à la recherche d'une aiguille dans une botte de foin (Keefe et Szostak, 2001).

## AUTO-ORGANISATION DE L'ÉPIGENÈSE

C'est là que le concept d'auto-organisation vient à l'aide de ce mécanisme naïf d'exploration de l'espace des formes. En effet, la relation entre les gènes et les formes des organismes se caractérise par sa complexité et par sa forte non-linéarité. En fait, les organismes sont construits à partir d'une cellule souche qui contient un génome. Cette cellule souche, avec toutes ses structures biophysiques, peut être vue comme un système dynamique complexe paramétré par son génome, et sous l'influence des perturbations imposées par l'environnement, et qui va progressivement engendrer un organisme complet au cours de son développement, appelé ontogenèse ou parfois épigenèse quand on considère pleinement le rôle des interactions de l'organisme avec son environnement (Gottlieb,

1991 ; Smith et Thelen, 1993). Ce système dynamique constitue un système auto-organisé qui a le même type de propriétés que ceux qu'on a présentés dans la partie précédente. Le génome est un ensemble de paramètres analogues à la température et à la viscosité des liquides dans les systèmes de Bénard, et l'environnement est l'analogue du bruit (mais c'est un bruit évidemment très structuré et structurant !). Ainsi, le développement d'un organisme à partir de sa cellule souche a certaines similarités fortes avec la formation auto-organisée des cellules de Bénard : des formes, des structures et des motifs apparaissent au niveau global et sont qualitativement différents de ceux qui définissent le fonctionnement local, c'est-à-dire différents de ceux qui caractérisent la structure de la cellule souche et de son génome. Le pavage hexagonal qui peut apparaître à partir d'une simple différence de température dans un liquide homogène fournit une piste pour comprendre la manière dont une suite de nucléotides entourée d'un système moléculaire qui les transforme automatiquement en protéines peut générer un organisme bipède doté de deux yeux pour voir, d'oreilles, d'un cerveau immensément complexe.

## ATTRACTEURS, NON-DÉTERMINISME ET ÉVOLUTION SALTATIONNISTE

Comme les systèmes de Rayleigh-Bénard ou les plaques ferromagnétiques, les systèmes dynamiques définis par les génomes et les cellules qui les contiennent sont caractérisés par un paysage d'attracteurs : il y a de larges zones de l'espace des paramètres pour lesquelles systématiquement le système dynamique adopte un comportement dont la structure reste à peu près la même. Pour les systèmes de Bénard, il y a une plage de température qui permet de générer des bandes parallèles et qui est assez large pour qu'on puisse la trouver facilement. Pour les plaques ferromagnétiques, la zone de température dans laquelle le système arrive à trouver une cohérence magnétique globale est aussi très large. Ainsi, pour les organismes vivants, non seulement il est possible de générer des structures auto-organisées aux propriétés globales complexes, mais en plus ces structures sont certainement générées par les génomes appartenant à de larges sous-espaces dans l'espace des génomes, qu'on appelle des bassins d'attraction. La structuration de l'espace en bassins d'attraction dans ce type de système dynamique permet donc ainsi de faire que l'exploration de l'espace des formes soit facilitée et ne s'apparente pas à la recherche d'une aiguille dans une botte de foin. Comme dans les systèmes ferromagnétiques, le bruit (structuré) imposé par l'environnement sur le développement du système dynamique peut conduire à ce qu'il prenne des voies de développement différentes à partir de conditions initiales quasi identiques et des mêmes mécanismes. Pour les morceaux de fer à basse température, cela correspondait à la magnétisation dans un sens ou dans l'autre. Pour un organisme vivant, cela correspond à ses formes : c'est ainsi qu'il arrive que même des vrais jumeaux peuvent avoir des différences morphologiques assez importantes.

Cette vision, dont Waddington fut un des précurseurs (Waddington, 1946), illustre aussi pourquoi la relation entre les gènes et les formes des organismes ne se caractérise pas seulement par sa complexité et sa non-linéarité, mais aussi par son non-déterminisme. Comme dans les systèmes de Bénard où l'exploration de l'espace du paramètre de température peut parfois conduire à des changements rapides et conséquents du comportement du système (par exemple le passage des bandes parallèles aux cellules carrées), ce qu'on a appelé transition de phase, l'exploration de l'espace des génomes peut aussi conduire parfois à des changements de formes rapides et conséquents. Cela peut correspondre à de nombreuses observations de changements de formes très rapides dans l'évolution, comme en témoignent les fossiles qu'étudient les anthropologues, et qui sont à la base de la théorie des équilibres ponctués proposée par Elredge et Gould (Eldredge et Gould, 1972).

Ainsi, les propriétés d'auto-organisation du système dynamique composé par les cellules et leurs génomes apportent, au cours du développement de l'individu, une structuration cruciale à l'espace des formes en le contraignant, ce qui facilite la découverte et la sélection naturelle de formes complexes et robustes.

D'une part, elles permettent à un génome de générer des formes complexes et très organisées sans qu'il soit besoin d'en spécifier précisément chaque détail dans le génome (de la même manière que les formes polygonales de Bénard ne sont pas spécifiées précisément, ou sous la forme d'un plan, dans les propriétés des molécules de liquide). Cela va de la formation des motifs réguliers sur la peau des guépards jusqu'à la formation de compétences sensori-motrices et comportementales telles que la marche bipède, et comme l'ont avec talent illustré Thelen et Smith dans leur théorie du développement du nourrisson basé sur les systèmes dynamiques (Smith et Thelen, 1993).

D'autre part, ces propriétés de l'auto-organisation sculptent le paysage des formes possibles en bassins d'attraction à l'intérieur desquels elles se ressemblent beaucoup (c'est là que se font les évolutions graduelles, avec des réglages fins des structures existantes), et entre lesquels les formes peuvent différer substantiellement (c'est le passage de l'un à l'autre qui peut provoquer des inventions soudaines et puissantes dans l'évolution). Pour donner une image simple, l'auto-organisation fournit un catalogue de formes complexes réparties dans un paysage de vallées dans lesquelles et entre lesquelles la sélection naturelle se déplace et fait son choix : l'auto-organisation propose, la sélection naturelle dispose[1].

## LA STRUCTURE DES EXPLICATIONS ÉVOLUTIONNAIRES

Cette vision de l'articulation entre l'évolution, la sélection naturelle et le concept d'auto-organisation met en évidence la nécessité d'avoir des explications scientifiques de l'origine des formes des organismes qui soient plus complètes que celles qui sont souvent proposées. En effet, la littérature scientifique regorge d'explications de la présence d'une forme ou d'un trait dans un organisme, formulées en termes de l'avantage reproductif qu'il permet. Cet avantage reproductif est parfois transformé en avantage pour la survie, ou même de manière plus abstraite en avantage pour la réalisation d'une fonction, mais ces argumentations sont juste des manières alternatives de parler d'avantage reproductif. Par exemple, on peut proposer d'expliquer la bipédie chez les humains par le fait que dans un environnement de savane, le déplacement sur deux jambes aide à mieux repérer les prédateurs comme les sources de nourriture, et donc à survivre plus facilement et logiquement à se reproduire plus efficacement. Un autre exemple, beaucoup plus proche des questions qui nous concernent dans ce livre : on peut, comme Lindblom par exemple (Lindblom, 1992), tenter d'expliquer la forme des systèmes de voyelles, constitués d'éléments assez distincts les uns des autres, par le fait qu'ils

---

1. Évidemment cela n'est qu'une image pour faciliter la compréhension, car la sélection naturelle par son déplacement permet justement de faire apparaître de nouveaux mécanismes eux-mêmes auto-organisés, qui structurent l'espace des formes dans lequel elle se déplace ; donc la sélection naturelle participe de la formation de ces mécanismes qui l'aident à avoir un déplacement efficace dans l'espace des formes ; *vice versa*, le mécanisme de la sélection naturelle est certainement apparu dans l'histoire de la vie grâce aux comportements auto-organisés de systèmes qui étaient encore complètement étrangers à la sélection naturelle ; la sélection naturelle et les mécanismes auto-organisés interagissent donc dans une sorte de spirale qui rend possible l'augmentation de la complexité au cours de l'évolution.

permettent de passer des informations d'un individu à un autre en minimisant le risque de confondre les sons et de ne pas se comprendre, et donc en maximisant la capacité de communication.

Ce type d'explication peut contenir des arguments qui sont justes et essentiels, mais qui ne constituent pas une explication assez complète pour qu'elle soit satisfaisante. En effet, ces arguments se placent, souvent sans le dire, dans une vision classique néodarwinienne qui fait la simplification énoncée plus haut concernant la relation simple entre l'espace des génomes et l'espace des formes. Ils ne considèrent donc pas le problème de l'exploration de l'espace des formes : ils ne disent rien sur la manière dont la sélection naturelle a pu trouver une telle solution. Or, selon la vision que l'on a présentée dans les paragraphes précédents, cet aspect peut être crucial à la compréhension de l'origine d'une forme ou d'un trait. On pourrait imaginer une comparaison avec une équipe de chercheurs « martiens » arrivant sur terre et se demandant comment il se fait que les humains prennent l'avion pour traverser les océans. Une première réponse, qui serait celle du néodarwinisme classique, serait : « Parce que c'est le moyen le plus rapide de traverser l'océan. » Cette réponse est juste, même essentielle, mais incomplète donc insatisfaisante. Le néodarwiniste martien pourrait ajouter : « Les avions sont des structures qui ont été trouvées par une transposition culturelle de la sélection naturelle : les humains pendant longtemps ont essayé de nombreuses variantes de structures, au départ aléatoires, puis ont conservé les meilleures et ont produit des petites variations aléatoires en remplaçant un boulon ici par un boulon là, qu'ils ont ensuite sélectionnées et ainsi de suite, jusqu'à ce qu'ils tombent sur des avions qui fonctionnent. » Évidemment, on voit tout de suite que cela resterait très éloigné d'une compréhension satisfaisante de l'histoire culturelle et non linéaire de l'invention des avions. Peut-être que cette explication est à peu près valide pour expliquer comment aujourd'hui les ingénieurs règlent la forme exacte des ailes pour améliorer la vitesse ou diminuer la consommation de kérosène (par le biais de cycles essais-erreurs avec des logiciels de simulation), mais ne permet pas de comprendre la révolution aéronautique entre la fin du XIXe siècle et le début du XXe siècle[1].

---

1. On retrouve là d'ailleurs au niveau culturel le parallèle entre changements graduels et changements brutaux des formes et structures au cours de l'évolution, dus justement à la non-linéarité des phénomènes auto-organisés qui jouent de pair avec la sélection naturelle (ou culturelle).

Donc il semble que l'explication de l'origine de nombreuses formes en biologie requiert bien plus que l'établissement du fait qu'elles soient utiles à la reproduction des organismes qui les portent. Il faut identifier la manière dont la forme a été générée, ce qui implique en particulier de comprendre la structure de la relation entre l'espace des génomes et l'espace des formes qui contraint le fonctionnement de la sélection naturelle. Cela nécessite donc d'abord la compréhension de la formation de la structure à l'échelle onto-génétique du développement de l'individu, pour essayer de voir quelles sont les bases à partir desquelles elle peut s'auto-organiser. En pratique, cela consiste à essayer d'identifier dans l'organisme, ainsi que dans son environnement physique et social, des structures beaucoup plus simples que celles qu'on cherche à expliquer, et de montrer comment leurs interactions dynamiques peuvent mener à l'apparition de la structure globale. On peut expliquer la formation d'un certain nombre de motifs macroscopiques sur la peau des animaux, comme des rayures ou des taches rondes et régulières sur les zèbres ou les léopards, par des interactions moléculaires microscopiques entre des composants chimiques qui sont présents dans leur épiderme. Ces motifs sont des dynamiques d'attracteurs presque inévitables de telles réactions chimiques, à la manière des cellules hexagonales de Rayleigh-Bénard, et comme Turing l'a montré dès les années 1950 (Turing, 1952 ; Ball, 2001). Ainsi, on a considérablement éclairci le problème de l'origine de ces structures : l'évolution n'a pas eu à explorer tous les motifs mathématiquement imaginables en les codant grain par grain, mais seulement à trouver comment produire quelques molécules chimiques dont l'interaction s'occupe de dessiner les rayures (et il semble que les combinaisons d'éléments chimiques ainsi que le nombre de motifs qu'ils peuvent produire dans l'épiderme des zèbres par exemple reste effectivement très limité [Ball, 2001]).

Ensuite, il est nécessaire de comprendre comment la variation des paramètres des organismes vus comme des systèmes dynamiques, provoque des changements de forme, et en particulier à quelle vitesse et de quelle nature. D'Arcy Thompson fut un des pionniers de cette activité fondamentale de compréhension de l'origine des formes des organismes vivants, synthétisée dans son livre *On Growth and Form* (1917), probablement l'un des plus importants de l'histoire de la biologie aux côtés de ceux de Darwin. En particulier, il a étudié l'impact des paramètres de croissance de structures comme les coquilles des mollusques. Celles-ci sont construites par des processus auto-organisés de divisions cellulaires dont la vitesse et l'orientation sont des paramètres. D'Arcy Thompson a montré

**Figure 3.6.** D'Arcy Thompson a montré que, à mécanisme de croissance constant, le simple changement numérique de paramètres de division des cellules, comme la vitesse ou l'orientation, peut permettre de générer des formes très diverses chez les mollusques, et correspondant à des espèces différentes.

comment, à mécanisme constant, la simple variation numérique de ces paramètres, que d'un point de vue moderne on peut facilement imaginer contrôlés assez directement par les gènes, pouvait conduire à des variations surprenantes, non linéaires et très diverses des formes générées. La figure 3.6 donne des exemples de telles variations paramétrées des formes chez les mollusques. Il a répété ce travail pour de nombreuses espèces animales, et en particulier sur les poissons où il montre le même phénomène : la figure 3.7 montre la diversité des formes que l'on peut obtenir à mécanisme de croissance constant simplement en faisant varier des paramètres de vitesse et d'orientation. Ces études éclairent considérablement sur la manière dont l'espace des formes peut être exploré et contraint, facilitant ainsi la sélection naturelle de formes efficaces et complexes.

Un autre exemple étudié par D'Arcy Thompson illustre très bien la manière dont les phénomènes d'auto-organisation peuvent faciliter la découverte et la sélection naturelle de structures complexes et efficaces[1]. Il s'agit des cellules hexagonales qui se for-

---

1. Bien entendu, D'Arcy Thompson à son époque n'a pas formulé cet exemple de la manière dont nous le faisons, car les concepts d'auto-organisation et de systèmes dynamiques n'étaient pas encore inventés. Cependant, la lecture d'*On Growth and Form*, qui décrit de nombreux mécanismes qu'on appelle de nos jours « auto-organisés », sans qu'ils aient été conceptualisés comme tels à l'époque de l'ouvrage, laisse penser que son intuition allait dans le sens de l'interprétation de son travail que l'on présente ici.

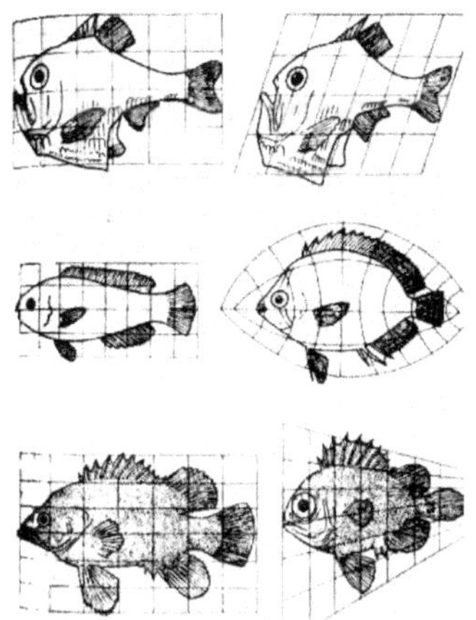

**Figure 3.7.** D'Arcy Thompson a étendu son travail sur les mollusques à toutes sortes d'espèces vivantes, comme les poissons par exemple.

ment sur les parois dans les ruches des abeilles[1]. En effet, cette forme de cellule est remarquable parce que les hexagones sont optimaux : ils nécessitent en effet moins de cire pour couvrir la même surface que toutes autres formes possibles qui devraient couvrir le plan. Il y a deux manières de rendre compte de ces formes. La première est le point de vue néodarwiniste classique qui ne considère pas d'autre mécanisme que la sélection naturelle. Les abeilles auraient essayé toute une palette de formes possibles, en partant de formes aléatoires, en sélectionnant celles dont la construction leur fait dépenser le moins d'énergie, en les faisant varier petit à petit, en resélectionnant, et ainsi de suite, jusqu'à un jour tomber sur la forme hexagonale. Autant dire qu'il s'agit ici vraiment de chercher une aiguille dans une botte de foin, si l'on considère d'une part l'immensité des formes possibles de cellules, et d'autre part qu'il y a identité entre l'espace des génomes et l'espace des formes, et donc que l'exploration n'est pas contrainte. Heureusement pour les abeilles, leur exploration se

---

1. On considère dans ce livre que les structures qui sont construites par les organismes d'une manière ou d'une autre, comme les parois de cire par les abeilles, font partie de la forme qui caractérise ces organismes. C'est un point de vue qui correspond au concept de phénotype étendu défendu par Dawkins dans *The Extended Phenotype*. Ainsi, le code de la parole sera considéré comme une forme qui caractérise les organismes humains.

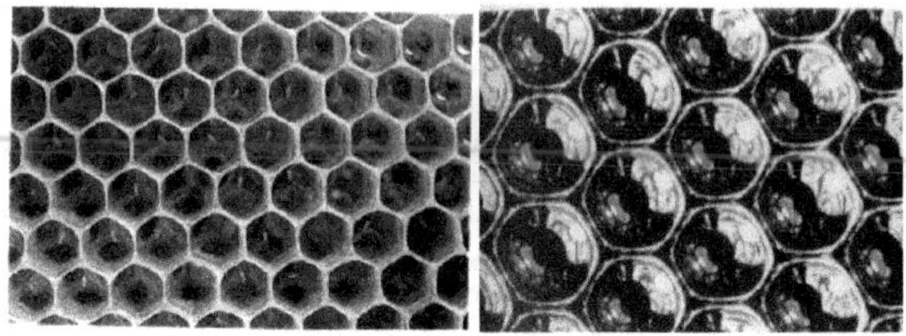

**Figure 3.8.** La figure sur la gauche montre le pavage régulier hexagonal des murs construits par les abeilles dans leurs ruches. La figure sur la droite montre la forme que prennent des gouttes d'eau quand elles sont entassées : c'est exactement la même forme que celle des murs dans les ruches des abeilles.

trouve aidée par un phénomène d'auto-organisation providentiel. D'Arcy Thompson a ainsi remarqué que si l'on considère des cellules de tailles approximativement égales, de formes elles aussi approximatives et relativement lisses, et que la température générée par les abeilles permet de rendre les murs de cire assez souples, alors les cellules entassées les unes sur les autres se comportent à peu près comme des gouttes d'eau dans la même situation entourées d'un fluide visqueux. Or les lois de la physique font qu'un tel entassement de gouttes d'eau fait prendre spontanément à chacune une forme hexagonale, comme l'illustre la figure 3.8. Donc il suffit aux abeilles non pas de trouver comment dessiner un pavage régulier hexagonal, ce qui demande des capacités dignes de celle d'un jeune mathématicien armé de compas et de règles, mais beaucoup plus simplement de trouver comment faire des cellules à peu près de la même taille et pas trop tordues, empilées les unes sur les autres. La physique fera le reste. Et c'est ainsi que dans l'explication de l'origine des formes hexagonales des cellules de cire dans les ruches des abeilles, le rôle de l'auto-organisation de la structure physique est largement aussi important que l'avantage métabolique que procure cette structure aux abeilles[1].

---

1. Cela ne veut pas dire que les abeilles aujourd'hui n'ont pas de mécanismes innés et précâblés qui leur permettent de construire précisément des formes hexagonales, comme cela a été suggéré par des théories plus récentes comme celle de von Frisch (Frisch, 1974). L'argument de D'Arcy Thompson permet néanmoins de comprendre comment l'auto-organisation de cellules de cire empilées et chauffées peut avoir aidé les abeilles à trouver initialement ces formes hexagonales et optimales. Par la suite, des mécanismes évolutionnaires comme l'effet Baldwin (Baldwin, 1896) ont pu incorporer dans le génome des structures spécifiques à la construction de ces hexagones.

## EFFETS COLLATÉRAUX ET CONTRAINTES ARCHITECTURALES

Nous venons de voir que, parfois, l'explication de l'origine d'une forme ou d'un trait dans un organisme nécessitait beaucoup plus que l'établissement de son utilité pour améliorer l'efficacité de reproduction. En fait, il peut même arriver que cette utilité ne soit même pas une composante directe de l'explication de l'origine d'une forme. C'est tout d'abord possible grâce encore au phénomène d'auto-organisation. L'interaction de plusieurs structures apparues chez un organisme pour des raisons darwiniennes (chacune aidant l'organisme à répliquer ses gènes plus efficacement) peut provoquer la formation auto-organisée d'une nouvelle structure qui peut n'avoir aucune utilité pour l'organisme. Un des exemples les plus frappants est celui des patterns rayés ou tachetés, à la manière des zèbres ou des léopards, qui sont présents sur certaines espèces de mollusques (Ball, 2001, p. 89 ; et figure 3.9). Alors qu'on peut effectivement imaginer une fonction à ces rayures pour les zèbres et les léopards (le camouflage), on peut très difficilement en imaginer une pour ces mollusques, car ils vivent enterrés sous le sable au fond des océans, là où il n'y a pas de lumière et où leurs patterns visuels ne sont pas perçus par les êtres vivants. Ces patterns sont formés lors du processus de croissance des

**Figure 3.9.** Certaines espèces de mollusques vivant dans l'obscurité au fond de l'océan ont sur leurs coquilles des patterns rayés qui sont le résultat de la pigmentation qui se produit lors de la calcification continue et graduelle des cellules sur le bord de leur coquille à mesure que celle-ci grandit dans un jeu de division cellulaire dont la dynamique ressemble d'ailleurs beaucoup à celle de la fameuse réaction de Beloutzov-Zabotinsky. Ces formes auto-organisées n'ont pas de valeur adaptative pour ces mollusques.

coquilles : ils correspondent à la pigmentation qui se produit lors de la calcification continue et graduelle des cellules sur le bord de la coquille à mesure que celle-ci grandit dans un jeu de division cellulaire dont la dynamique ressemble d'ailleurs beaucoup à celle proposée dans le modèle de Turing (Turing, 1952) et dans la fameuse réaction de Belousov-Zhabotinsky, exemple classique de phénomène auto-organisé (Ball, 2001).

En fait, il n'est même pas forcément nécessaire de faire appel à l'auto-organisation pour mettre en évidence des formes dont l'origine n'est pas directement liée à leur utilité pour l'organisme. Certaines structures peuvent être des effets collatéraux de la formation d'autres structures qui elles sont possiblement utiles à la reproduction de l'organisme, et ce sous l'effet de contraintes architecturales comme l'a développé en profondeur Stephen Jay Gould (Gould, 2006). Pour illustrer le concept d'effet collatéral et de contrainte architecturale, nous allons prendre un exemple technologique. La construction des lampes électriques, faites pour éclairer en fournissant de la lumière, a longtemps été réalisée en faisant circuler du courant dans un fil de fer métallique. Or cela a systématiquement une conséquence qui peut parfois être désagréable pour les utilisateurs de la lampe : de la chaleur s'en dégage. Les lampes électriques ont donc pendant très longtemps eu parmi les traits qui les caractérisaient la propriété de générer de la chaleur. C'est d'ailleurs la même chose pour les lampes à pétrole. Les technologies LED ont récemment permis de diminuer cette production chaleur, mais celle-ci demeure. L'ingénierie humaine ne sait pas faire des lampes pour l'environnement quotidien qui ne chauffent pas. De même, il est fort probable que l'ingénierie évolutionnaire soit parfois obligée de supporter le coût d'effets collatéraux désagréables au bénéfice d'autres structures utiles dont ils sont les conséquences. Gould donne l'exemple de l'os sésamoïde tibial (une partie du tibia) du panda qui a tendance à le gêner pour la marche, mais résulte du programme de croissance qui a permis à l'os sésamoïde radial (son équivalent sur le poignet) de servir de pouce d'opposition pour manipuler les tiges de bambou (Gould, 1982). En effet, le couplage de la croissance de ces deux os a fait que l'adaptation de l'os radial du poignet pour la préhension a provoqué aussi un changement morphologique dans le tibia. Le premier changement est positif pour le panda, alors que le second constitue un effet collatéral désagréable (mais qui vaut le coût puisque cette organisation a été sélectionnée).

EXAPTATIONS

Évidemment, l'explication de telles structures « collatérales » requiert qu'on explique précisément pourquoi elles sont la conséquence de la formation d'autres structures qu'il faut bien identifier, et dont on doit de préférence expliquer l'origine aussi. Ces exemples d'effets collatéraux sont en fait surtout utiles pour ne pas être piégé quand on veut expliquer certaines formes des organismes : en effet, par souci de simplification, il est fréquent en sciences d'isoler des formes particulières au sein d'un organisme, et de les expliquer ensuite. Or il y a le risque de chercher une explication utilitaire de cette forme, qui peut-être n'existe pas si on relie la forme à la totalité de l'organisme. En effet, cette structure ou cette forme qu'on veut expliquer est peut-être un effet collatéral d'une autre structure qu'on n'a pas prise en compte. Et il est important de faire particulièrement attention à ce danger quand cette structure a effectivement une fonction utile pour l'organisme aux yeux du scientifique qui l'étudie, mais que la fonction est plus récente que la structure. C'est le phénomène d'exaptation (Gould et Vrba, 1982) : la propriété N a été prise d'un état précédent (« ex ») pour être utilisée (« apt ») dans un nouveau rôle.

Pour illustrer la situation, prenons l'exemple des très longs ponts à haubans. Imaginons un de nos chercheurs martiens qui découvre cette structure. Il s'aperçoit que les piliers du pont sont extrêmement hauts. Pourquoi cette hauteur ? Il s'aperçoit alors que chaque pilier porte toute une collection d'antennes, qui servent de relais radio pour les télécommunications. Il se dit alors qu'ils constituent certainement la raison de la hauteur de ces piliers : ils permettent de relayer les ondes radio sur de longues distances. En fait, il se trompe complètement : les piliers ont été construits sans savoir qu'on y mettrait un jour des antennes radio. Ils sont tout simplement très hauts, parce qu'on a voulu minimiser le nombre de ces piliers le long du pont. Or, pour que chaque pilier puisse supporter le poids immense des longs tabliers, il faut que les haubans qui retiennent cette partie horizontale aient une grande puissance de soutien ainsi qu'une grande résistance. Or plus ils sont proches d'une position verticale, plus ils soutiennent le tablier efficacement. Et plus les piliers sont hauts, plus les haubans sont en position proche de la verticale. Voilà un pur exemple de contrainte architecturale. Ainsi, l'erreur du Martien vient du fait qu'il a isolé le pilier du reste de la structure, et qu'en plus, par malchance, les piliers avaient depuis leur construction trouvé une utilité supplémentaire. En biologie, Gould et Vrba donnent l'exemple des oiseaux qui ont initialement développé des plumes pour réguler la température de leur corps, et les ont recrutées seulement plus tard pour voler (Gould et Vrba, 1982). Ils donnent aussi l'exemple de certaines espèces d'escargots qui possèdent un espace à l'intérieur de leur coquille dans lequel ils « couvent » leurs œufs. Il existe aussi des espèces d'escargots qui possèdent cet espace mais ne l'utilisent pas, et ces espèces sont apparues évolutionnairement avant celles qui l'utilisent. Cet espace résulte en fait du processus de construction de la coquille qui répond à des contraintes architecturales similaires à celles qui font que les piliers des ponts suspendus sont très élevés. Cet espace dans la coquille des escargots est donc d'abord apparu comme un effet collatéral architectural sans fonction particulière, et a ensuite été recruté pour servir d'abri pour les œufs.

## Vers une compréhension systémique des origines de la parole

On a montré dans les parties précédentes que la genèse d'une forme était un processus complexe, qui pouvait avoir plusieurs forces causales. Cela implique que si l'on veut expliquer l'origine d'une forme vivante, il faut apporter plusieurs types de réponses, qui représentent des visions complémentaires du même phénomène à partir de points de vue différents.

Un premier type de réponse concerne l'utilité d'une forme, d'une structure ou d'un trait en termes d'efficacité de reproduction des organismes qui la portent. C'est l'argumentation néodarwiniste classique, souvent fondamentale. Elle fait parfois d'ailleurs le raccourci qui consiste à remplacer l'utilité pour l'efficacité de reproduction par l'utilité pour la survie, ou même souvent par l'utilité pour une fonction donnée. En plus des dangers de ce mode d'explication que l'on a évoqués plus haut, ce type de raccourci qui peut être utile peut aussi parfois être problématique, car comme l'a montré Dawkins (Dawkins, 1982) c'est bien l'efficacité de reproduction ou de réplication qui compte dans le mécanisme de la sélection naturelle : or il peut arriver qu'un trait qui permet à des organismes individuels de survivre mieux constitue un frein à leur reproduction. D'ailleurs certains organismes se « suicident » pour mieux se reproduire et perpétuer leurs gènes, comme certaines espèces d'insectes qui meurent pour servir de nourriture à leurs enfants (Dawkins, 1982). Un autre exemple est celui de la communication, et plus particulièrement du partage d'informations, qui dans certaines conditions écologiques peut nuire aux capacités de reproduction de l'organisme, comme l'ont par exemple montré Gintis et ses collègues (Gintis *et al.*, 2001), et comme l'a étudié Dessalles (Dessalles, 2007).

Une argumentation purement néodarwiniste complète souvent l'explication en proposant que la forme optimale est apparue sous l'action du mécanisme d'optimisation que constitue la sélection naturelle, et souvent s'arrête là sans donner plus de détails sur ce processus de formation. Or nous avons vu que, d'une part, le mécanisme de la sélection naturelle n'était pas un mécanisme complet au sens où il ne précise pas la manière dont sont formés les individus et surtout celle dont sont faites les variations, et, d'autre part, que si on le complète avec une version « naïve » de l'exploration de l'espace des formes, comme le fait parfois le néodarwinisme, alors il est de puissance limitée et nombre des problèmes évolutionnaires qu'il est censé résoudre se révèlent être l'équivalent de la recherche d'une aiguille dans une botte de foin. Un deuxième type de réponse doit donc être adossé à l'argument d'utilité ou d'optimalité : il consiste à expliquer comment la sélection naturelle a pu trouver la solution, et en particulier comment elle a pu être guidée par les phénomènes d'auto-organisation des systèmes sur lesquels elle opère, et par les contraintes architecturales des structures qu'elle façonne.

En pratique, ce deuxième type de réponse peut consister à identifier des structures plus simples que celles que l'on cherche à expliquer, qui correspondent à un espace des formes plus facile à explorer pour la sélection naturelle, et dont la dynamique auto-organisée génère spontanément, au cours du développement de l'individu, la structure globale que l'on cherche à expliquer. Par exemple, si l'on essaie d'expliquer la forme hexagonale des cellules dans les ruches des abeilles, le premier type de réponse consiste à expliquer que les hexagones sont les formes dont la construction requiert le moins d'énergie de la part des abeilles (optimalité), alors que le second type de réponse consiste à expliquer que ces formes hexagonales apparaissent spontanément dès que les abeilles entassent approximativement des cellules de formes pas trop tordues et à peu près de la même taille, et qu'elles les chauffent. Ainsi, l'espace des formes à explorer par les abeilles s'en trouve considérablement simplifié, et la chance de « tomber » sur un génome qui conduit à la construction de telles cellules devient beaucoup plus grande.

C'est exactement ce deuxième type d'argumentation que nous utiliserons comme moteur des chapitres suivants. Nous allons montrer que des codes de la parole aux propriétés complexes, comme on l'a vu dans le chapitre précédent, peuvent être générés par auto-organisation à partir de structures développementales et interactionnelles beaucoup moins complexes. En particulier ces structures moins complexes, mais dont les interactions dynamiques et systémiques seront cruciales, constitueront donc les présuppositions des modèles que nous présenterons et auront un double intérêt. Tout d'abord, il apparaîtra facilement que leur complexité, d'un tout autre ordre que celle du code de la parole, rend leur découverte et leur sélection naturelle beaucoup plus appréhendables si l'on se place dans le cadre d'une explication classique dans laquelle on attribue l'origine de la parole uniquement à son avantage pour la fonction de communication linguistique. D'autre part, la généricité de ces structures sera telle qu'elle nous permettra dans le chapitre 9 d'expliquer comment elles pourraient être apparues sans relation causale avec une fonction langagière : en particulier, nous proposerons qu'elles pourraient être des effets collatéraux dus à la construction d'autres structures dont la fonction n'est pas directement liée au langage, comme l'imitation ou les mécanismes d'exploration spontanée du corps par curiosité et motivations intrinsèques. Bref, cela nous permettra de suggérer que les codes de la parole que nous utilisons de nos jours sont peut-être des exaptations, dont les premières versions ont peut-être été des résultats de l'auto-organisation de structures dont l'origine et les fonctions étaient distinctes de celles du langage.

Avant de présenter cette argumentation, ainsi que des expérimentations informatiques qui la fondent, nous allons dans le prochain chapitre décrire un panorama des différentes théories proposées dans la littérature pour répondre aux questions sur l'origine de la parole formulées dans le chapitre 2. Nous les interpréterons dans le contexte théorique général de l'origine des formes du vivant que nous venons de présenter dans ce chapitre.

# CHAPITRE 4

# Théories sur les origines
# de la parole

Certaines des questions sur l'origine de la parole, que nous avons décrites dans le chapitre 2, sont au cœur de nombreux travaux scientifiques. Des approches différentes, provenant de cultures scientifiques variées, ayant chacune ses propres méthodologies, ont été proposées. Nous présentons dans ce chapitre une vision générale des approches théoriques et expérimentales les plus représentatives. Nous verrons aussi que plusieurs questions fondamentales restent encore largement inexplorées.

## *Réductionnisme et innéisme*

Une première approche scientifique est celle que l'on pourrait appeler « réductionniste ». Elle essaie de réduire les propriétés de la parole à certaines de ses parties. Cette approche consiste à essayer de trouver des structures physiologiques ou nerveuses dont les caractéristiques sont suffisantes pour en déduire celles de la parole.

L'« innéisme cognitif », par exemple défendu par Pinker et Bloom (Pinker et Bloom, 1990), défend l'idée que le cerveau contient un dispositif nerveux spécifique au langage, et en particulier à la parole (le *language acquisition device*), qui connaît à la naissance les propriétés des systèmes de sons de la parole. Cette connaissance serait préprogrammée dans le génome. Une limite de cette approche est que ses défenseurs sont restés assez imprécis sur ce que veut précisément dire, pour un cerveau ou pour un individu, de connaître de manière innée les propriétés de la parole. Dit autrement, c'est une hypothèse qui n'a pas été naturalisée : le lien avec la matière biologique et la question de l'implémentation de cette connaissance innée n'ont pas été véritablement abordés.

D'autres chercheurs défendent une approche que l'on pourrait appeler l'innéisme morpho-perceptuel. Ils concentrent leur attention sur la physique du conduit vocal ainsi que sur les propriétés électromécaniques de la cochlée. Cette approche propose que les catégories sonores qui apparaissent dans les langues humaines reflètent les non-linéarités du système qui fait correspondre des sons et des percepts à des trajectoires articulatoires. Deux théories proposent des manières différentes d'exploiter ces non-linéarités.

Tout d'abord, il y a la théorie quantique de la parole, proposée par Stevens (Stevens, 1972). Stevens observe qu'il y a certaines configurations articulatoires pour lesquelles de petits changements provoquent de petits changements acoustiques, et d'autres configurations articulatoires pour lesquelles de petits changements provoquent de grands changements acoustiques. Les phonèmes utilisés par les langues seraient alors placés dans les zones de stabilité, et les zones instables seraient évitées.

Ensuite, Carré et Mrayati ont développé le modèle des régions distinctives (*distinctive region model*). Cette approche, qui utilise des arguments de théorie de l'information (Shannon, 1948), propose qu'au contraire la parole préfère utiliser les zones de l'espace des articulations pour lesquelles de petits changements provoquent de grandes modifications acoustiques. Stevens et Carré ont tous les deux réalisé des simulations avec des modèles du conduit vocal et proposé des prédictions plutôt bonnes sur les lieux possibles d'articulation, bien que leurs théories soient basées sur des suppositions partiellement contradictoires.

S'il n'y a pas de doute sur le fait que les propriétés de l'appareil articulatoire et auditif influencent la forme des sons de la parole, l'approche purement morpho-perceptuelle a des limites. D'abord, il n'y a pas de non-linéarités fortes et évidentes dans toutes les zones de l'espace articulatoire, en particulier en ce qui concerne la production des voyelles. D'ailleurs, comme on l'a vu au chapitre 2, un certain nombre de non-linéarités perceptuelles sont entièrement culturelles et non perceptibles par les locuteurs d'autres langues : les Japonais ne peuvent pas entendre de différence entre le « l » de *lead* et le « r » de *read* en anglais. Ensuite, elles n'expliquent pas la grande diversité des sons à travers les langues humaines (Maddieson, 1984) et ne sont d'aucune aide pour comprendre comment une langue donnée « choisit » ses phonèmes.

Les théories de Stevens et Carré s'attaquent à la question de savoir pourquoi il y a plutôt tel phonème que tel autre, mais n'aborde pas la question de savoir pourquoi tout simplement il y a des phonèmes et comment un système peut être conventionnalisé dans une population d'individus. En bref, ils ne traitent pas la question du codage phonémique (digitalité et combinatorialité). Parmi les approches réductionnistes, celle de Studdert-Kennedy et Goldstein (Studdert-Kennedy et Goldstein, 2002) s'attaque à un aspect de cette question. C'est celui qui concerne l'organisation des vocalisations en pistes gestuelles indépendantes et parallèles (voir chapitre 2), et qui permet d'avoir un débit d'informations assez rapide pour autoriser les humains à véhiculer des informations complexes de manière efficace (Studdert-Kennedy, 2005). Ils remarquent que l'appareil vocal se compose d'organes articulatoires indépendants comme la langue, les lèvres ou le velum. Cela implique d'une part qu'il y a un aspect discret dans la physiologie de la parole et, d'autre part, qu'à cause du petit nombre de ces organes, il y a une réutilisation systématique dans les vocalisations complexes au moins quant aux organes qui bougent. Studdert-Kennedy a incontestablement raison sur ce point. Cependant, d'autres aspects du codage phonémique, et en particulier de la digitalité, restent à expliquer. En effet, comme d'ailleurs Studdert-Kennedy et Goldstein le remarquent (Studdert-Kennedy et Goldstein, 2002), chaque organe ou ensemble d'organes peut être utilisé pour faire une constriction dans un espace continu de lieux et de manières. Comment cet espace est-il digitalisé ? Aussi, seules certaines combinaisons de gestes parmi le répertoire disponible sont utilisées, alors qu'il y en a beaucoup plus qui sont possibles. Comment l'espace est-il alors découpé en combinaisons possibles et impossibles ? Goldstein a proposé une solution à cette question que nous allons détailler plus tard dans le chapitre, et qui n'est pas réductionniste, mais un mélange d'auto-organisation et de fonctionnalisme (Goldstein, 2003). Dans les chapitres suivants, nous proposerons aussi une solution à ce deuxième aspect du codage phonémique de la parole, tandis que nous ne traiterons pas l'aspect « organisation des vocalisations en pistes gestuelles indépendantes ».

De manière générale, ces approches réductionnistes étudient les propriétés universelles de la parole, et en particulier le codage phonémique ainsi que les régularités des inventaires phonémiques dans les langues du monde. Elles n'abordent pas la question de la diversité des sons de la parole, ainsi que la formation culturelle de systèmes particuliers et partagés par des communautés linguistiques. *A fortiori*, elles ne proposent pas de solution au problème de la formation des premiers codes conventionnels quand il n'y en avait pas déjà. Cependant, ce n'était certainement pas leur but non plus.

En outre, de manière plus générale, ce type de recherche ne tente pas vraiment d'expliquer l'origine du code de la parole, mais plutôt d'en découvrir certains corrélats physiologiques, morphologiques ou neuronaux. Elles s'inscrivent donc moins dans une démarche d'explication causale que dans une démarche de naturalisation d'observations linguistiques par l'ancrage du code de la parole dans une substance biologique. Néanmoins, en se replaçant dans le cadre théorique présenté dans le chapitre précédent, ces ancrages peuvent permettre de clarifier la problématique, justement en la naturalisant. Par exemple, Studdert-Kennedy met en évidence un aspect biologique essentiel à la combinatorialité du code de la parole contemporain : le contrôle indépendant des différents organes qui peuvent modifier la forme du conduit vocal. Cela lui permet de formuler une hypothèse selon laquelle ce contrôle indépendant serait un résultat du cooptage des structures de contrôle des muscles du visage, dans un contexte fonctionnel d'imitation (Studdert-Kennedy, 1998) qui serait passée de la modalité visuelle à la modalité auditive. Nous ne détaillerons pas cette théorie puisqu'elle concerne un aspect du codage phonémique que nous ne traitons pas dans ce livre, à savoir l'organisation des vocalisations en pistes gestuelles indépendantes[1].

## Fonctionnalisme : le code de la parole est optimal pour communiquer

L'approche fonctionnaliste essaie d'expliquer les propriétés des sons de la parole en les mettant en relation avec leur fonction. Elle utilise dans ce cas le raccourci de la fonction et ne passe pas directement par l'argument de l'avantage reproductif, c'est pourquoi nous l'appelons ici « fonctionnaliste », mais nous aurions pu aussi la qualifier comme une approche néodarwinienne.

---

1. En ce qui concerne le codage phonémique, la théorie de Studdert-Kennedy est compatible et complémentaire avec celle que l'on va présenter dans ce livre. L'une n'a pas besoin de l'autre pour fonctionner, et l'une complète l'autre dans l'explication de l'origine du codage phonémique.

La fonction du code de la parole typiquement employée pour expliquer sa forme (et sa formation en supposant implicitement la version naïve de la sélection naturelle) est la « communication ». Le code de la parole sert à fournir un répertoire de formes qui doit être le plus efficace possible de manière à ce que les individus qui l'emploient puissent se comprendre. L'évaluation de cette efficacité inclut plusieurs critères. La distinctivité perceptuelle fait typiquement partie de ces critères. Cela veut dire que les sons doivent être assez distincts pour qu'on ne les confonde pas et que la communication puisse avoir lieu. Les autres critères sont souvent liés à des coûts de production, comme l'énergie nécessaire pour articuler les sons ou la saillance perceptuelle. Un répertoire sonore se constitue alors d'un ensemble de formes quasi optimal pour communiquer et qui minimise en même temps les coûts énergétiques. Cette approche se différencie du réductionnisme de la partie précédente car, au lieu de regarder les phonèmes un par un, elle considère leur système, étudié comme un tout selon des propriétés structurelles. Aussi, il s'agit véritablement d'une démarche explicative de l'origine du code de la parole contemporain, en fournissant des réponses de type « optimalité ».

Un certain nombre de chercheurs ont mis au point des modèles mathématiques de cette idée, et en ont exploré les conséquences grâce à des outils de simulation informatique. Le pionnier fut Lindblom (Liljencrants et Lindblom, 1972 ; Lindblom, 1992). Son modèle concerne la prédiction des systèmes de voyelles dans les langues humaines. Étant donné un nombre $n$ de voyelles, il définit l'énergie d'un système de $n$ voyelles par : $E_n = \sum_{i=1}^{n} \sum_{j=1,\,j\neq i}^{n} 1/r_{i,j}^2$ où $r_{i,j}$ représente la distance perceptuelle entre deux voyelles. Chaque voyelle dans sa simulation correspond à un point dans l'espace des deux premiers formants[1]. Les points possibles sont articulatoirement contraints d'être dans un triangle, le triangle vocalique (voir le chapitre 7). Cette énergie sert à mesurer la distinctivité perceptuelle du système. Si les voyelles sont très similaires les unes aux autres, alors les $r_{i,j}$ sont petits et l'énergie est grande. Si elles sont éloignées les unes des autres, alors l'énergie est petite. Lindblom, en utilisant des techniques d'optimisation numérique, a ainsi identifié quels étaient les systèmes de voyelles qui avaient des énergies petites, voire minimales. Il a alors trouvé un certain nombre de ressemblances

---

1. Les formants sont les fréquences pour lesquelles il y a un pic dans le spectre de puissance.

avec les systèmes de voyelles les plus fréquents dans les langues humaines, en ce qui concerne les systèmes avec moins de 6 voyelles. Il a alors amélioré les prédictions du modèle en rajoutant un terme modélisant le coût articulatoire.

Cependant, les résultats de Lindblom n'étaient pas très précis pour les systèmes de plus de 6 voyelles, et ils présentaient un grand nombre de voyelles hautes périphériques entre [i] et [u], par rapport aux langues du monde. Un second modèle intégrant un nouveau critère, la saillance perceptuelle, a alors été développé dans le cadre de la théorie de la dispersion-focalisation de Schwartz, Boë, Vallée et Abry (Schwartz *et al.*, 1997). Cette saillance perceptuelle caractérise la proximité des formants des voyelles : plus ils sont près, plus l'énergie dans une zone du spectre s'en trouve renforcée, donnant ainsi à la voyelle une qualité focale. Les auteurs proposent que cette qualité est appréciée par le cerveau. Cela permet d'améliorer les prédictions de Lindblom.

Cette méthode d'étude a été reprise par Redford, Chen et Miikkulainen pour la structure des syllabes (Redford *et al.*, 2001). Étant donné un répertoire de phonèmes, ils ont cherché quels étaient les systèmes de syllabes, combinaisons séquentielles de ces phonèmes, qui représentaient le meilleur compromis entre des critères comme la minimisation des longueurs des mots dans le lexique, la minimisation du nombre de types de syllabes dans le répertoire, la distinctivité perceptuelle entre les phonèmes adjacents, la maximisation de la différence d'ouverture de la mâchoire entre deux phonèmes adjacents. Ils ont alors pu prédire quelques régularités phonotactiques des langues du monde, comme la préférence pour les syllabes de type CV (consonne/voyelle) sur les syllabes avec des clusters de consonnes ou de voyelles ou le principe de construction itérative des syllabes (les syllabes simples sont plus fréquentes que les syllabes complexes dans un même répertoire, et cela de manière organisée).

Ces travaux, qui essaient d'expliquer certaines propriétés du code de la parole par leur quasi-optimalité pour la communication, ont permis des avancées scientifiques profondes. Cependant, ils ne doivent pas faire oublier qu'il existe des pièges comme nous l'avons détaillé dans le chapitre précédent. Tout d'abord, la définition de cette optimalité est loin d'être évidente, comme le montrent les différents critères utilisés par les auteurs : l'évaluation de la distinctivité perceptuelle dépend du modèle qu'on se fait de la perception des sons ; certains travaux prennent en compte des coûts énergétiques mais on connaît mal le système de production de la parole à tel point que ces coûts sont modélisés de manière très grossière ; d'autres travaux ajoutent des contraintes psychologiques comme la préférence pour des sons saillants pour lesquels les formants sont assez éloignés les uns des autres. Non seulement notre connaissance de ces différents critères reste très approximative, mais il est difficile de savoir quel poids accorder à chacun. S'il est intéressant de montrer qu'on peut imaginer des définitions de critères et des combinaisons de critères qui permettent de faire des prédictions qualitatives sur la forme du code de la parole, les prédictions quantitatives sont donc à considérer avec plus de précautions. Ensuite, nous avons montré dans le chapitre précédent que parfois des formes pouvaient être expliquées sans forcément avoir recours à leur utilité pour une fonction donnée. Nous montrerons dans les chapitres suivants que cela peut être le cas pour certaines propriétés des répertoires de phonèmes : les systèmes que nous allons présenter permettront de prédire les mêmes propriétés des systèmes de voyelles que celles prédites pas Lindblom alors que nous n'utiliserons aucune mesure de coût ou d'optimalité pour la communication pour diriger l'évolution du système.

## *Approche synthétique et systémique : modèles informatiques et robotiques*

Comme nous l'avons montré dans le chapitre précédent, toute explication fonctionnaliste, comme celle fournie par Lindblom ou Schwartz et ses collègues, doit être accompagnée d'une explication des mécanismes de morphogenèse de la solution optimale pour la communication que constitue le code de la parole. En effet, si les modèles de Lindblom montrent que l'on peut prévoir les systèmes de phonèmes les plus fréquents dans les langues humaines à partir de l'optimisation d'un certain nombre de critères, ils ne proposent pas d'explication de la manière dont cette optimisation a pu avoir lieu en pratique dans le substrat biologique, cognitif et social. De plus, comme les théories réductionnistes, il ne propose pas d'expliquer comment une société de locuteurs peut en arriver à partager un système de sons particulier.

## MODÈLES DE LA FORMATION DES LANGUES

C'est ainsi que, pour étudier la question de la morphogenèse des langues et du langage, une approche nouvelle, basée sur l'utilisation de modèles informatiques et robotiques, a été explorée à partir du milieu des années 1990. Luc Steels, l'un des pionniers de ces approches nouvelles, parle ainsi de « méthode synthétique » (Steels, 1997 ; Steels, 2001). En pratique, cela consiste en la modélisation informatique de groupes d'individus artificiels, parfois sous la forme de robots, équipés de modèles perceptuels, moteurs et cognitifs qui leur permettent d'apprendre au cours de leurs interactions mutuelles.

Par exemple, Luc Steels et ses collègues ont mis au point le modèle du *naming game*, dans lequel un groupe d'individus artificiels négocie progressivement un lexique, c'est-à-dire le choix d'associations entre des mots et des représentations sémantiques (Steels, 1997 ; Steels, 2012). Au départ, chaque individu dispose d'un répertoire de représentations sémantiques, mais n'a pas de mots pour les désigner. Au cours des interactions, ils vont créer des associations mots-sens, qu'ils vont noter avec un score qui leur permettra d'évaluer la force de ces associations, et d'éliminer celles qui sont trop faibles. Les individus interagissent deux par deux, dans un ordre aléatoire. Lors d'une interaction, l'un d'entre eux choisit un référent dans son environnement (correspondant à une représentation sémantique) et prononce le mot qui lui est associé le plus fortement dans sa mémoire (s'il n'en a pas encore, un symbole aléatoire est généré). L'autre individu observe cette association, augmente son score dans sa mémoire et diminue le score de toutes les autres associations qui contiennent soit ce mot, soit ce sens. Une compétition entre associations mots-sens va alors avoir lieu dans la population d'individus, selon une dynamique que l'on peut qualifier de darwinisme culturel (Kaplan, 2001 ; Oudeyer et Kaplan, 2007). Dans cette compétition, le mécanisme de renforcement des scores des associations les plus utilisées, et d'élimination des plus faibles, va créer une boucle de rétroaction positive : systématiquement, les répertoires d'associations mots-sens s'auto-organisent et le groupe converge vers un répertoire partagé par tous les individus et leur permettant de communiquer sans ambiguïté. Ainsi, un lexique conventionnalisé est apparu spontanément au cours des interactions de pair à pair des individus, sans qu'une norme soit imposée ou préprogrammée à l'avance. Deux groupes d'individus différents convergent par ailleurs sur des conventions différentes, suggérant ainsi une explication de la diversité des langues.

Le modèle informatique du *naming game* a ainsi eu un rôle considérable pour montrer comment des mécanismes simples et locaux d'interactions linguistiques pouvaient permettre à des conventions linguistiques de se former au niveau global de la société d'individus, mécanisme essentiel des langues pour lequel aucune explication n'existait auparavant. Ces modèles informatiques ont ensuite donné lieu à des analyses mathématiques poussées, basées en particulier sur l'utilisation d'outils théoriques pour la physique statistique (Baronchelli, Loreto et Steels, 2008). Cependant, de nombreux autres modèles informatiques ont prolongé le *naming game* pour modéliser des phénomènes variés et plus complexes de l'évolution des langues.

Tout d'abord, certains modèles se sont penchés sur la question de l'origine des catégories sémantiques associées aux mots d'une langue particulière. En effet, les systèmes de catégories sémantiques des langues humaines, c'est-à-dire les ontologies, peuvent différer considérablement d'une culture à l'autre et sont donc en partie des structures culturelles (Hagège, 2006). Par exemple, selon l'environnement linguistique, la conceptualisation des couleurs, du temps ou de l'espace peut varier (Levinson, 2003). Certaines langues ne distinguent pas le bleu du vert, quand d'autres, comme le guugu yimithirr (Gumperz et Levinson, 1996), n'encodent pas les concepts spatiaux relatifs « devant », « derrière » ou « en face », mais conceptualisent la position des objets de manière absolue (« au nord de », « à l'est de », etc.).

Comment ainsi un groupe d'individu peut-il se mettre d'accord sur l'utilisation d'une ontologie plutôt qu'une autre ? Comment un système de catégories peut-il être coconstruit par ces individus ? Le modèle du *guessing game* permet de comprendre comment cela est possible (Steels, 2003 ; Steels, 2012). Dans celui-ci, des robots, capables de percevoir visuellement leur environnement, sont dotés de mécanismes permettant de créer des concepts, sous la forme d'équations mathématiques, permettant de distinguer des référents dans leur contexte et d'associer ces concepts à des mots, comme dans le *naming game*. En plus de ne pas avoir de mots au départ, les individus ne possèdent initialement aucun concept. Ces répertoires vont augmenter au cours des interactions avec les autres, et en même temps par les mécanismes de construction de nouveaux concepts quand ils en ont besoin. Par exemple, si aucun de leurs

**Figure 4.1.** L'expérience des Talking Heads, mise au point par Luc Steels et son équipe au Sony Computer Science Laboratory (Steels, 1999 ; Steels, 2003). Une population de robots interagit pour former et négocier progressivement un système de concepts sémantiques qui leur sont propres, ainsi qu'un système de mots et d'associations mots-sens leur permettant de communiquer efficacement dans leur environnement.

concepts courants ne leur permet de distinguer le référent sur lequel ils portent leur attention lors d'une interaction et dans un contexte donné, alors ils génèrent une équation mathématique nouvelle qui permet de le faire. Or il y a chaque fois de nombreuses représentations conceptuelles (de nombreuses équations) qui permettent cela : ils en choisissent une au hasard. Comme dans le *naming game*, une compétition va alors avoir lieu à la fois entre les concepts, les mots et leurs associations : ceux qui sont le plus utilisés dans des interactions où la communication a fonctionné sont renforcés, tandis que les autres sont éliminés. Au bout d'un moment, un système lexical complet et partagé par tous les individus d'un même groupe se forme : mêmes mots, mêmes concepts, mêmes associations. Et ce système est différent dans chaque groupe. Par exemple, dans l'expérience des Talking Heads, l'une des expériences scientifiques les plus profondes sur le langage qui ait été réalisée, une population de robots a pu faire évoluer un tel lexique sur plusieurs mois, correspondant à plusieurs dizaines de milliers d'interactions entre des dizaines d'individus, et convergeant vers un système lexical de plusieurs centaines de mots et de concepts. De manière intéressante, les concepts qui se sont formés se sont adaptés aux propriétés de l'environnement perceptuel de ces robots : un monde de formes simples et aux couleurs variées disposées sur des tableaux blancs (voir la figure 4.1). Ainsi, des concepts raffinés liés aux couleurs (e.g. « rouge clair » ou « rouge foncé ») ou aux positions relatives (e.g. « en bas », « à gauche ») se sont développés, tandis que les concepts caractérisant la forme des objets, qui ne variait pas beaucoup, sont restés peu nombreux. Ainsi, avec les Talking Heads, on comprend comment les propriétés physiques du monde extérieur, en interaction avec les biais cognitifs, peuvent influencer les catégories sémantiques qui sont formées, alors que leur diversité provient plutôt des contingences historiques et de l'aléatoire du processus d'interaction sociale.

D'autres modèles ont été développés pour étudier, selon une approche et des mécanismes similaires, la formation et la complexification de structures syntaxiques (Kirby et Hurford, 2002), l'évolution de structures et de catégories grammaticales (Steels, 2012), l'évolution de la diversité et les liens avec les structures sociales (Coupé, 2003), ou encore se sont concentrés sur l'étude de la formation de catégories sémantiques spécifiques concernant par exemple l'espace (Spranger et Steels, 2012), le temps (Dessalles et Ghadakpour, 2004) ou la perspective (Steels et Loetzsch, 2008).

## MODÈLES DE LA MORPHOGENÈSE DES SYSTÈMES DE VOCALISATION

Les modèles informatiques et robotiques de la formation des langues présentés dans la section précédente ont tous en commun la présupposition qu'un système de formes symboliques pour construire des mots est partagé dès le départ par les individus. Ainsi, en pratique, les « mots » utilisés étaient composés de symboles phonétiques déjà connus et partagés dans le groupe. Une autre famille de modèles, utilisant la même méthodologie, s'est intéressée quant à elle à la formation de systèmes de vocalisations dans des groupes d'individus, donc à l'origine des systèmes phonologiques.

### Origine des systèmes de voyelles

Un modèle pionnier a été mis au point par Berrah, Glotin, Laboissière, Bessière et Boë en 1996 (Berrah *et al.*, 1996 ; Berrah et Laboissière, 1999), dans lequel une population d'individus artificiels générait un système de voyelles au cours d'interactions de pair à pair. Chaque individu était doté au départ d'un répertoire de quelques voyelles aléatoires. Lors d'une interaction entre deux individus, une voyelle d'un d'entre eux était sélectionnée au hasard : la voyelle la plus proche chez l'autre individu était ainsi rapprochée, et les autres éloignées, modélisant alors une pression de communication linguistique. En parallèle, un mécanisme évaluant un compromis entre distinctivité perceptuelle et coût articulatoire permettait de sélectionner les individus les plus adaptés dans un modèle d'évolution générationnel. Ces simulations, empruntant un mécanisme proche de ceux de la physique statistique, montrèrent qu'au bout d'un certain temps les individus convergeaient vers un même système de voyelles partagé.

De Boer a ensuite présenté un modèle similaire lui permettant d'étudier dans le détail les propriétés des systèmes de voyelles qui se formaient (de Boer, 2001). Dans ce modèle, qui met en œuvre des individus artificiels, le même mécanisme explique à la fois l'acquisition des voyelles ainsi que leur formation : ce mécanisme est l'imitation. Ainsi, il propose de répondre à la question : « Comment les systèmes de voyelles sont-ils appris ? »

Les individus de la simulation de De Boer interagissent selon les règles d'un jeu de langage (Steels, 1997) qui s'appelle le jeu de l'imitation. Chaque individu se voit doté d'un synthétiseur de voyelles, qui permet de produire une voyelle à partir d'un point dans l'espace articulatoire (place d'articulation de la langue, hauteur ou manière d'articulation, rondeur des lèvres). Les voyelles sont des points dans l'espace des deux premiers formants. Chaque individu possède aussi un répertoire de prototypes qui sont des associations entre un point de l'espace articulatoire et la représentation perceptuelle de la voyelle correspondante. Ce répertoire est initialement vide. Il grossit par invention aléatoire ou bien au cours de l'apprentissage qui a lieu pendant une interaction. Dans une interaction entre deux individus, l'un d'eux, appelé le locuteur, choisit une voyelle de son répertoire et la prononce devant l'autre individu, appelé l'interlocuteur. Ensuite, l'interlocuteur regarde quel prototype de son répertoire est le plus proche de ce qu'il vient d'entendre et le prononce pour imiter l'autre individu. Puis le locuteur catégorise ce son en regardant lui aussi dans son répertoire pour voir quel est le prototype le plus proche. Si c'est le même que celui qu'il avait employé pour parler initialement, alors il juge l'imitation réussie et le fait savoir à l'autre individu en lui disant que c'était bon. Sinon, il lui dit que c'était mauvais. Chaque prototype dans les répertoires a un score qui est utilisé pour promouvoir les voyelles qui conduisent à des imitations réussies et qui sert à éliminer les autres voyelles. En cas de mauvaise imitation, en fonction du score du prototype utilisé par l'interlocuteur, soit celui-ci est modifié pour ressembler plus au son prononcé par le locuteur, soit un nouveau son est créé, aussi proche que possible de celui du locuteur.

La description de ce jeu permet de voir qu'il requiert un certain nombre de capacités complexes chez les individus. Tout d'abord, ils doivent être capables de suivre les conventions d'un jeu qui implique des tours de rôle successifs avec des fonctions asymétriques. Ensuite, ils doivent être capables de copier volontairement les productions sonores des autres individus et être capables d'évaluer cette copie. Finalement, quand ils sont locuteurs, ils doivent reconnaître quand quelqu'un essaie de les imiter intentionnellement et donner un signal de feed-back à l'interlocuteur pour lui dire si c'était réussi ou non. L'interlocuteur doit pouvoir comprendre le feed-back, c'est-à-dire comprendre si, du point de vue de l'autre individu, il a réussi son imitation ou non.

Le niveau de complexité nécessaire à la formation de systèmes partagés de voyelles dans ce modèle caractérise une société d'individus qui ont déjà des moyens complexes d'interagir socialement, et en particulier ont déjà un système primitif de communication (qui leur permet par exemple de savoir qui est le locuteur et qui est l'interlocuteur, et quel signal veut dire « imitation réussie » ou « imitation non réussie »). Le jeu d'imitation lui-même constitue un système de conventions (les règles du jeu), et les individus communiquent quand ils y jouent. Cela nécessite en effet de transférer intentionnellement des informations d'un individu à un autre, et donc requiert un système de formes partagées qui permettent de transférer ces informations. Les systèmes de voyelles n'apparaissent donc pas ici à partir d'une situation non linguistique.

Ainsi, ce modèle concerne la modélisation de la formation et de l'évolution des sons dans un contexte où des interactions linguistiques élémentaires existent déjà. En particulier, il a permis de montrer comment des changements des systèmes de voyelles peuvent avoir lieu au cours de l'histoire culturelle d'un groupe d'individus. Cela résulte des contingences aléatoires de leurs interactions et des propriétés de l'apprentissage par des générations successives d'individus.

Récemment, une modélisation mathématique générale des mécanismes étudiés dans les modèles de Berrah *et al.* et de De Boer a été proposée par Moulin-Frier, Schwartz, Diard et Bessière (Moulin-Frier *et al.*, 2008 ; Moulin-Frier, 2011). Cette modélisation, exprimée dans le formalisme des probabilités bayésiennes, a permis d'abstraire les aspects essentiels de ces mécanismes, et de rendre explicites les rôles respectifs des appareils moteurs et perceptuels, donc du corps. Elle a aussi permis d'intégrer les mécanismes de formation des systèmes de sons dans des interactions linguistiques complètes, opérant un pont avec le modèle du *naming game* décrit plus haut : les individus artificiels du modèle de Moulin-Frier *et al.* négocient en effet en même temps un répertoire sonore et l'association de ces sons avec des référents extérieurs, à propos desquels ils communiquent. Enfin, elle a étendu les travaux précédents à la question de la formation des consonnes et au cadre de la production des syllabes avec la modélisation des phénomènes de coarticulation. Dans ce contexte mathématique, ce modèle a ainsi permis d'exprimer des visions théoriques de la parole assez différentes comme la théorie motrice de Liberman et Mattingly (Liberman et Mattingly, 1985) ou la théorie perceptuelle de Diehl et ses collègues (Diehl *et al.*, 2004), comme des cas particuliers d'une théorie sensori-motrice générale, et de réaliser des expérimentations informatiques permettant de lier leurs différences (Moulin-Frier *et al.*, 2012).

Cependant, les modèles que nous venons de décrire n'abordent pas la question de la poule et de l'œuf : comment le premier répertoire de formes partagées est-il apparu dans une société d'individus qui n'a pas déjà des modes d'interactions linguistiques conventionnalisés tels que les jeux de langage ? En particulier, la question de savoir pourquoi les individus essaient de s'imiter dans les modèles de Berrah *et al.* ou de De Boer (c'est préprogrammé) reste ouverte. Il en est de même sur l'origine des jeux de langage, comme les jeux déictiques, qui sont des protocoles d'interactions conventionnalisés présupposés dans ces modèles. Ces derniers, comme d'ailleurs ceux de Moulin-Frier *et al.*, de Kaplan, de Steels ou de Kirby, sont cependant des avancées cruciales car ils permettent de montrer comment des structures linguistiques conventionnelles et partagées à l'échelle de toute une société d'individus peuvent se former par auto-organisation à partir d'interactions locales et structurées pour la communication linguistique (c'est-à-dire la formation d'un système de formes qui leur permettent de distinguer des référents extérieurs). Ils constituent une naturalisation du phénomène culturel de la formation et de l'évolution des langues (des sons des langues en particulier).

### Origine de la combinatorialité

Une question très importante sur l'origine des systèmes phonologiques est celle de la combinatorialité. Dans toutes les langues, il existe un répertoire de sons élémentaires qui sont réutilisés systématiquement pour former des syllabes (ce n'est pas le cas pour les systèmes d'écriture : il existe des syllabaires pour lesquels les signes graphiques représentant une syllabe sont holistiques et ne sont pas réutilisés entre syllabes). Cela implique en fait deux aspects complémentaires. D'abord, le continuum vocal est « digitalisé » : seules certaines configurations clés sont utilisées dans une langue donnée alors que le conduit vocal rend possible un continuum de sons. Ensuite, ces sons élémentaires sont systématiquement réutilisés.

Certains modèles ont ainsi été développés pour prendre en compte la dimension syllabique et temporelle des vocalisations. Le modèle de Moulin-Frier, ainsi qu'un autre modèle que nous avons développé (Oudeyer, 2001c ; Oudeyer, 2005a), considère des jeux de langage pour lesquels les individus négocient des systèmes de syllabes, respectivement par jeu déictique et par jeu d'imitation. Dans ce dernier modèle, les individus jouent le même jeu d'imitation que dans le modèle de De Boer, mais leur répertoire est composé de syllabes. Il leur est donné au début de la simulation un répertoire partagé de phonèmes (imaginé comme le résultat d'un premier jeu comme celui des simulations de De Boer). Les scores des prototypes des individus ne dépendent plus seulement de la réussite ou non dans l'imitation, mais aussi de l'énergie qu'il faut dépenser pour les produire. Deux propriétés de régularité des structures syllabiques dans les langues humaines ont pu être prédites par ce modèle. La première est la préférence des syllabes de type CV, puis de celles de type CVC, puis de celles de type CC, puis CCV, puis CVVC/CCVC/CVCC. Ensuite, le modèle prédit le principe de sonorité hiérarchique : les syllabes ont une tendance à commencer par un phonème dont le degré d'obstruction de l'air est grand, puis à laisser ensuite diminuer le degré d'obstruction de l'air jusqu'à un pic, et ensuite de le réaugmenter jusqu'au dernier phonème.

Dans ce modèle, il a également été possible d'étudier l'apprenabilité des systèmes de syllabes (Oudeyer, 2005a). Alors que des individus n'ont aucun mal à apprendre le système de syllabes qu'une communauté similaire d'autres individus a généré[1], ce n'est pas le cas si l'on invente aléatoirement un système de syllabes : si on introduit à la main un système de syllabes aléatoire dans la tête d'une communauté d'individus, alors, la plupart du temps, chaque individu qui ne le connaît pas ne pourra l'apprendre. Cela résulte du fait que le système d'apprentissage des individus a des biais, comme tous les systèmes d'apprentissage (Duda *et al.*, 2000), c'est-à-dire qu'il est plus adapté pour apprendre certaines familles de structures que d'autres (et cela malgré le fait qu'il soit générique et puisse être utilisé pour des tâches très différentes comme apprendre à classer les fleurs selon leur forme ou les substances chimiques selon des mesures d'appareils électroniques). Le fait qu'il y a des biais implique que certains types de données sont plus faciles à apprendre que d'autres. Ainsi, dans ce modèle, les groupes d'individus sélectionnent culturellement les systèmes de syllabes qu'ils sont capables d'apprendre efficacement. En d'autres termes, les systèmes de syllabes s'adaptent à la niche écologique composée par les cerveaux et appareils morpho-perceptuels de ces individus. Ce résultat, qui a été aussi montré pour l'apprenabilité de la syntaxe (Zuidema, 2002), renverse la perspective proposée par le courant innéiste cognitif présenté plus haut, qui propose un autre scénario pour expliquer le fait que les enfants apprennent si facilement le langage et sa grammaire, et en particulier la grammaire des sons, malgré la pauvreté des stimuli qu'ils reçoivent (Gold, 1967). L'argument innéiste repose sur le fait qu'il est impossible à un dispositif d'apprentissage générique qui n'a aucune connaissance linguistique *a priori* d'apprendre n'importe quel langage. La déduction qui en est faite (à tort d'un point de vue logique) est que le cerveau doit savoir de manière innée comment s'organise le langage, et en particulier les sons, pour pouvoir les apprendre. Ainsi, le cerveau se serait lui-même adapté au langage au cours de l'évolution pour pouvoir l'apprendre (Pinker et Bloom, 1990). Les modèles informatiques que nous venons de présenter proposent une autre explication : c'est le processus de formation des langues lui-même qui développe et sélectionne seulement celles que les individus peuvent

---

1. L'individu est tout simplement placé en interaction avec les individus qui « parlent » déjà l'autre système de syllabes.

apprendre. Il est donc tout à fait possible que ce soient les langues qui s'adaptent aux contraintes cognitives générales des locuteurs et non le contraire.

Bien qu'ils s'attaquent aux problèmes de la grammaire des sons, ces modèles de Moulin-Frier *et al.* et d'Oudeyer font des suppositions en ce qui concerne les fondements de cette grammaire : les individus sont dotés dès le départ d'un répertoire de phonèmes partagé et discret (Oudeyer, 2005a), ou alors sont contraints d'utiliser un petit nombre de phonèmes, ce qui revient à préprogrammer la combinatorialité (Moulin-Frier, 2011). Ils ne permettent donc pas véritablement de comprendre l'origine même de la digitalité et de la combinatorialité, qui sera au centre des autres modèles que nous présenterons par la suite. Par contre, il aurait été imaginable que la compositionalité soit un résultat de certaines de ces simulations, par exemple quand on fournit aux individus un large répertoire de phonèmes. En effet, Lindblom (Lindblom, 1992) ainsi que Zuidema et de Boer (Zuideman et de Boer, 2009) avaient suggéré que les systèmes compositionnels pourraient être optimaux en termes de compromis entre la distinctivité perceptuelle et la facilité articulatoire. Ainsi, on pouvait espérer que parmi les phonèmes mis à la disposition des individus, certains seraient choisis et systématiquement réutilisés pour construire des syllabes. Cependant, cela n'est pas apparu. Une étude plus précise a été réalisée sur cet aspect, en variant le nombre de phonèmes donnés aux individus ainsi que le nombre de degrés de liberté de leurs appareils vocaux (un modèle du conduit vocal sous forme de tube acoustique) et perceptuels (un modèle de la cochlée). Quand le nombre de phonèmes donnés aux individus était petit par rapport au nombre de syllabes que leur répertoire pouvait contenir, alors mécaniquement ils étaient systématiquement réutilisés, mais cela revient à encoder directement la compositionalité et laisse ouverte la question de savoir d'où viennent ces phonèmes, discrétisation radicale du continuum articulatoire. Quand le nombre de phonèmes était élevé, alors, pour toutes les configurations du conduit vocal et de l'appareil perceptuel avec des dimensions réalistes, les systèmes de syllabes qui apparaissaient (composés de plusieurs centaines d'éléments) n'étaient jamais compositionnels. Ainsi, les individus de la simulation arrivaient à construire des systèmes de syllabes partagés de grande taille sans qu'il soit nécessaire, pour assurer une communication efficace, qu'il y ait de compositionalité.

Browman et Goldstein (Goldstein, 2003 ; Browman et Goldstein, 2000) ont présenté un autre modèle visant la question de l'origine de la digitalité (ils utilisent l'expression d'« émergence de gestes discrets »). Ils ont construit une simulation dans laquelle deux individus peuvent produire chacun deux gestes, avec un paramètre de constriction dont les valeurs sont prises dans un continuum monodimensionnel (typiquement, cet espace correspond à celui des lieux d'articulation). Les individus interagissent en suivant les règles d'un jeu qui s'appelle en anglais le jeu de l'*attunement* (on pourrait le traduire par une périphrase : « le jeu du réglage de chacun sur les réglages de l'autre »). Dans une interaction du jeu, les deux individus produisent leurs deux gestes en utilisant pour chacun d'entre eux une valeur du paramètre prise dans le continuum avec une certaine probabilité. Cette probabilité est la même pour toutes les valeurs au début de la simulation : cela veut dire que toutes les valeurs du continuum sont utilisées. Ensuite, chaque individu reconstruit le paramètre utilisé par l'autre individu pour son premier geste, et le compare avec le paramètre qu'il a lui-même utilisé. Si les deux valeurs correspondent, c'est-à-dire qu'elles sont dans un certain intervalle de tolérance, alors deux choses se passent : la probabilité d'utiliser cette valeur du paramètre pour le premier geste augmente, et la probabilité d'utiliser la même valeur pour le second geste diminue. Cela simule l'idée que les individus essaient de produire chacun de leurs gestes différemment (de telle manière qu'ils puissent être différenciés et contrastés), et en même temps de manière similaire à l'autre individu (de telle manière qu'un usage partagé conventionnalisé soit établi). À la fin de la simulation, les individus convergent dans un état tel qu'ils utilisent une seule valeur pour chacun de leurs gestes, donc l'espace a été digitalisé, et les paires de valeurs sont les mêmes chez les deux individus dans la même simulation et différentes dans des simulations différentes. Goldstein a fait des simulations en utilisant et en n'utilisant pas de non-linéarités dans la fonction qui fait correspondre un son à des paramètres articulatoires (il réalise cela à travers la modélisation du bruit qui est ajouté lorsqu'un individu reconstruit le paramètre utilisé par l'autre individu). Quand il n'utilise pas de non-linéarités, l'ensemble des paramètres utilisés dans toutes les simulations par les individus couvre l'espace de manière uniforme. Quand il utilise des non-linéarités, alors certains paramètres qui sont dans des zones de stabilité sont statistiquement préférés.

Comme dans les modèles présentés plus haut, ici les individus interagissent selon une structure coordonnée : ils suivent les règles d'un jeu. En effet, il faut que chaque fois ils produisent leurs gestes ensemble au cours d'une interaction. Ensuite, comme dans le jeu de l'imitation, une pression pour différencier les sons est préprogrammée, de même qu'une pression pour copier les paramètres utilisés par l'autre individu. Cela implique qu'on suppose que les individus vivent déjà dans une communauté dans laquelle il existe un système de communication complexe. Cependant, ce n'était certainement pas des questions que visait ce modèle, alors que nous nous plaçons ici dans le cadre de recherches sur les origines du langage. Ainsi, il reste à étudier si la digitalité dans la parole, qui semble être cruciale à la naissance du langage (Studdert-Kennedy et Goldstein, 2002), a pu apparaître sans présupposer qu'un système d'interactions et de communications linguistiques soit déjà là. Plus précisément, un système de parole digitale a-t-il pu apparaître sans une pression pour contraster les sons ? C'est un des problèmes que nous étudierons dans les chapitres suivants.

Le modèle de Goldstein suppose que les individus échangent directement les objectifs articulatoires qu'ils utilisent pour produire des gestes. Cependant, les vocalisations des humains sont des trajectoires continues, tout d'abord dans l'espace acoustique, et ensuite dans l'espace des relations entre organes. Donc ce qu'un humain perçoit de la vocalisation d'un autre, ce ne sont pas les objectifs articulatoires qui ont servi à spécifier les gestes, mais c'est la réalisation acoustique de ces gestes, qui est une trajectoire continue entre la position de départ et l'objectif. Et parce que plusieurs objectifs sont réalisés en séquence, les vocalisations ne s'arrêtent pas quand un objectif a été atteint, mais continuent leur route vers l'objectif suivant. Retrouver les objectifs à partir de la trajectoire continue est très difficile, et d'ailleurs cela reste une tâche que les ingénieurs en reconnaissance de la parole ne savent pas encore faire correctement. Peut-être que le cerveau humain est équipé d'une capacité innée qui lui permet de le faire, en détectant des événements dans le flux sonore qui correspondraient aux objectifs, mais cela reste une spéculation forte.

## Expliciter les mécanismes qui ont fait naître le langage

Nous avons vu que les modèles opérationnels développés dans la littérature permettaient de naturaliser certains des phénomènes culturels de la formation des langues, en montrant que celles-ci pouvaient apparaître de manière auto-organisée à partir de l'interaction décentralisée d'individus. Nous avons aussi expliqué que les capacités d'interaction et de communication qui sont données à ces individus dans ces simulations sont déjà quasi linguistiques, avec par exemple la capacité à jouer des jeux de langage, interactions conventionnelles qui sont elles-mêmes des normes structurellement équivalentes aux normes linguistiques. Elles sont d'une complexité telle qu'on reste loin de comprendre la manière dont la sélection naturelle ou culturelle a pu les former.

Dans les chapitres suivants, nous allons nous inscrire dans cette même veine de recherche qui consiste à construire des modèles informatiques qui permettent de proposer des explications des mécanismes de morphogenèse de la parole. Cependant, les structures qui constitueront le bagage biologique des individus au départ seront beaucoup moins complexes[1]. En particulier, les individus n'auront pas la capacité d'interagir de manière structurée, ils ne disposeront au départ d'aucune norme conventionnelle, et nous n'utiliserons pas de mesure d'optimalité ou d'efficacité de communication pour diriger l'évolution des systèmes de vocalisation. Ainsi, à partir de mécanismes relativement simples, les codes de la parole qui seront générés lors de l'interaction de ces structures seront caractérisés par les propriétés suivantes : la digitalité et la combinatorialité seront auto-organisés, les répertoires des unités qui apparaîtront seront partagés par tous les individus d'un groupe et variables d'un groupe à l'autre, et la manière de composer les phonèmes sera organisée selon des règles de syntaxe. De plus, l'utilisation de contraintes morphologiques nous permettra de faire des prédictions sur les systèmes de voyelles, comme celles proposées dans les modèles décrits auparavant, mais avec des présuppositions moins complexes d'un point de vue évolutionnaire.

Ces structures, moins complexes, qui constitueront donc les présuppositions de ces systèmes, auront un double intérêt :

• Nous pourrons tout d'abord les considérer dans le cadre d'une théorie néodarwinienne de l'origine du langage, qui défendrait l'idée que les structures biologiques qui sont à la base de la capacité de langage, et donc comprenant celles qui sont à la base de la capacité de parole, sont le résultat de la sélection naturelle sous la pression de communication linguistique, fonction qui aiderait les individus à mieux répliquer leurs gènes. Dans ce cadre, le

---

1. Il est crucial de noter que la complexité dont nous parlons est « évolutionnaire » et n'est pas liée à la complexité du modèle qui implémente le système artificiel, qui elle dépend du degré de détails que l'on veut modéliser.

système artificiel de ce livre permettra de rendre plus appréhendable la manière dont la sélection naturelle a pu trouver les bases biologiques de la parole : en effet, nous montrerons que ces bases peuvent être relativement simples en comparaison des systèmes de parole qu'elles génèrent. Nous proposerons ainsi une explication qui est l'analogue de celle de D'Arcy Thompson pour la formation des cellules hexagonales dans les ruches des abeilles : les structures biologiques que la sélection naturelle doit trouver pour les abeilles ne sont pas celles d'un mathématicien armé de compas, de règles et de plans précis pour paver le plan régulièrement, mais celles plus simples qui permettent d'entasser des cellules de tailles à peu près similaires et de formes pas trop tordues.

• D'autre part, leur généricité sera telle qu'elle nous permettra dans le chapitre 9 d'expliquer comment des systèmes de parole combinatoriaux pourraient être apparus spontanément comme effets collatéraux de l'évolution de capacités plus génériques et antérieures au langage, comme l'imitation et les mécanismes de motivations intrinsèques poussant l'organisme à explorer son corps, et son système vocal en particulier, par pure curiosité (Oudeyer et Kaplan, 2006). Bref, cela nous permettra de suggérer que les codes de la parole que nous utilisons de nos jours sont peut-être des exaptations, dont les premières versions ont peut-être été des résultats de l'auto-organisation de structures dont l'origine n'était pas linguistique.

Dans les deux cas, les modèles informatiques[1] que nous présenterons auront pour objectif d'éclairer la question non plus de l'origine des langues, mais de l'origine du langage, en permettant de montrer comment l'apparition de l'un de ses prérequis fondamentaux, le code de la parole, ainsi que ses bases biologiques, a pu être considérablement facilitée par des phénomènes d'auto-organisation.

Avant de présenter en détail ces modèles, nous allons discuter certains des fondements épistémologiques de la méthode qui consiste à construire des systèmes artificiels, informatiques et robotiques, pour mieux comprendre le vivant.

---

1. Ces modèles seront aussi robotiques, car ils simuleront des propriétés physiques du conduit vocal et de l'oreille.

# CHAPITRE 5

# Épistémologie
# de la méthode de l'artificiel

Les mécanismes de l'origine du langage, et de la parole en particulier, sont nécessairement complexes, et leur explication ne peut pas se faire uniquement avec des théories énoncées verbalement. En effet, les théories verbales, forme sous laquelle elles sont souvent énoncées en sciences humaines et parfois en sciences du vivant, restent approximatives à propos de leurs présuppositions parce qu'elles utilisent le langage naturel. En outre, leur nature verbale ne permet pas de prouver que leurs prémisses mènent à leurs conclusions parce qu'elles impliquent forcément des systèmes dynamiques complexes dont le comportement est difficile à prédire uniquement par l'intuition. Construire des systèmes artificiels mathématiques, informatiques et robotiques permet de compléter ces approches verbales en évaluant la cohérence logique des théories. C'est aussi une manière de générer et de formuler de nouvelles théories. On utilise le terme de « méthodes de l'artificiel » (Steels, 2001 ; Pfeifer, Lungarella et Iida, 2007). Cette approche, très répandue en biologie (Langton, 1995), est comme nous l'avons vu dans le chapitre précédent de plus en plus utilisée en linguistique évolutionnaire (Steels, 2012). Nous avons dans le chapitre précédent considéré des exemples de systèmes artificiels montrant la formation de systèmes partagés de voyelles, de consonnes, de syllabes, de lexiques, de catégories sémantiques, ou de syntaxe. Nous allons maintenant discuter des fondements épistémologiques de cette approche.

## *Quelle est la logique scientifique ?*

Il existe une grande variété de conceptions de la science, comme celles formulées par Bachelard, Bernard, Chalmers, Feyerabend, Kuhn ou Popper (Bachelard, 1938 ; Bernard, 1865/1945 ; Chalmers,

1991 ; Feyerabend, 1979 ; Kuhn, 1970 ; Popper, 1984). Nous adoptons ici le point de vue constructiviste tel qu'étudié par Glasersfled (Glasersfled, 2001).

Il est possible de distinguer plusieurs types d'activités dans les sciences et mis en œuvre par les scientifiques :

1) L'expérimentation et l'observation de la réalité.

2) L'étude des théories existantes pour en déduire des prédictions à propos de la réalité, et mettre au point des expérimentations qui peuvent réfuter ou confirmer la théorie.

3) L'étude des correspondances entre les observations et les prédictions faites par les théories.

4) L'étude de la cohérence interne des théories et de la cohérence ou de l'incohérence entre les théories en essayant de bâtir des ponts entre elles.

5) L'élaboration de nouvelles théories. Il y a plusieurs manières d'en arriver à une nouvelle théorie. L'une d'entre elles suit un processus d'« abduction », un terme inventé par Peirce (Peirce, 1931). Cela consiste, étant donné l'état d'un système, à deviner un état initial ainsi qu'un mécanisme qui pourrait avoir conduit à l'état qu'on observe. Il s'agit ainsi de trouver un ensemble de prémisses qui mène à une conclusion donnée. C'est en quelque sorte de l'inverse de la déduction (Peirce, 1931). Par exemple, si l'on observe le bout d'une paire de chaussures qui dépasse sous des rideaux, on peut générer l'hypothèse que quelqu'un se trouve derrière les rideaux. C'est de l'abduction. Évidemment, les théories et les hypothèses générées peuvent être fausses : peut-être que les chaussures ne contiennent pas leur propriétaire. En conséquence, il est nécessaire, une fois qu'une théorie a été formulée, que des chercheurs se mettent aux activités 2), 3) et 4) pour évaluer la correspondance entre la théorie et la réalité (mais, comme nous allons l'expliquer, une théorie peut quand même être utile même si sa correspondance avec la réalité semble médiocre).

6) Enfin, et c'est d'une grande importance, la formulation de nouvelles questions, ou la reformulation de questions anciennes, questions qui peuvent diriger l'esprit sur des aspects nouveaux d'un problème, et parfois ouvrir la voie à des découvertes surprenantes.

Dans ce livre, nous utilisons la logique de l'abduction pour construire de nouvelles théories, formulées dans le langage mathématique, informatique et robotique. Nous allons également étudier la cohérence interne de ces théories grâce à des simulations informatiques, et nous confronterons enfin certaines prédictions de ces théories avec des observations de la réalité. L'utilisation de l'abduction est presque inévitable étant donné le problème auquel nous nous attaquons. En effet, nous voulons construire une théorie à propos de l'origine de certains aspects de la parole, mais l'état dans lequel les humains se trouvaient au moment où la parole a fait son apparition n'a laissé que peu de traces. Ainsi, et enfin, la construction et l'expérimentation de modèles informatiques peuvent être vues comme un nouveau langage scientifique, permettant de reformuler des questions anciennes sur la parole, et d'en formuler de nouvelles, incarnant concrètement les dimensions nombreuses qui structurent ce système complexe.

Pour parler des modèles que nous allons présenter, nous emploierons aussi le terme de « système artificiel ». Cela reflète le fait que le but de ces modèles ne consiste pas à mimer la réalité au plus près, mais plutôt à nous aider à la comprendre en réalisant une abstraction fonctionnelle des mécanismes qui nous semblent fondamentaux. Nous utiliserons aussi le terme de « théorie » pour qualifier ces modèles. En effet, nous pensons que les systèmes artificiels, sous la forme de programmes informatiques, sont euxmêmes des structures explicatives, non verbales, qui peuvent être cruciales pour appréhender le monde. Ainsi, les systèmes artificiels, bien que souvent inspirés des théories verbales, n'en sont pas de simples traductions formelles. Parce qu'ils ont des propriétés différentes des langues naturelles, les langages formels permettent d'exprimer et d'expliciter des mécanismes qu'il n'est pas possible de décrire précisément en langue naturelle (le contraire est d'ailleurs aussi peut-être vrai). Ainsi, il nous semble que l'explication de l'origine des langues naturelles humaines ne peut pas se faire entièrement dans une langue naturelle, mais que d'autres langages, comme les langages formels, sont nécessaires.

## À quoi cela sert-il de construire des systèmes artificiels ?

Des critiques peuvent être adressées en ce qui concerne l'utilité de telles approches formelles pour expliquer l'origine de structures du vivant comme les langues et la parole. Tout d'abord, comment relier les entités abstraites d'un programme informatique avec le monde réel ? Comment vérifie-t-on les hypothèses qui sont dans le programme ? Est-ce même justifié d'essayer de s'attaquer à un problème comme celui de l'origine de la parole puisque, après tout, il y a de grandes chances qu'on ne soit jamais capable de vérifier les théories, étant donné qu'il ne reste que peu de traces ?

Bref, quelle est l'utilité d'un modèle informatique et robotique ? Comment l'évalue-t-on ? Pour y répondre, nous considérons ici une vision de la science comme une activité hautement constructiviste (Glasersfled, 2001). Ainsi, on peut comprendre la science comme une activité visant à fabriquer des représentations (souvent sous la forme de machines abstraites ou concrètes) qui nous aident à appréhender le monde dans lequel nous vivons. En d'autres termes, les théories sont des représentations du monde qui nous aident à mettre de l'ordre dans la vision qu'on en a. Bien sûr, il y a des contraintes sur la manière de construire ces représentations, qui font que certaines représentations comme celles de la Bible ne sont pas des théories scientifiques. Une contrainte importante est qu'il ne doit pas y avoir de « miracles ». Aussi, ces représentations doivent former un tout cohérent et l'on doit pouvoir passer de l'une à l'autre avec des liens logiques. Il se peut qu'il y ait des trous dans la fresque qu'elles dessinent, et d'ailleurs une grande part de l'activité scientifique est guidée par le but de remplir ces trous. Ces représentations doivent aussi être compatibles avec les observations que l'on fait, qui dépendent d'ailleurs du contexte théorique dans lequel elles sont réalisées. De temps en temps, de nouvelles théories sont fortement incohérentes avec l'ensemble des représentations acceptées par les scientifiques d'une époque, mais parce que ceux-ci finissent par juger qu'elles sont plus utiles pour appréhender le monde, elles remplacent les vieilles représentations par de nouvelles (Kuhn appelle cela des « changements de paradigmes » [Kuhn, 1970]). Le passage de la mécanique newtonienne à la théorie de la relativité illustre ce phénomène. Cette vision est résumée par Einstein :

> Les concepts physiques sont des créations libres de l'esprit humain et ne sont pas, quoi qu'il en paraisse, déterminés de manière unique par le monde qui nous entoure. Dans notre quête de compréhension de la réalité, nous sommes un peu comme un homme qui essaie de comprendre le mécanisme d'une montre sans pouvoir regarder à l'intérieur. Il voit les aiguilles tourner, il l'entend même faire ses tics, mais il n'a aucun moyen de l'ouvrir. S'il est intelligent, il peut imaginer un mécanisme qui pourrait être responsable de tout ce qu'il observe, mais il ne pourra jamais être sûr que ce mécanisme est le seul qui puisse donner une explication. Il ne pourra jamais le comparer avec le mécanisme réel, et il ne peut même pas imaginer la possibilité ou le sens d'une telle comparaison. (Einstein et Infeld, 1938/1967, p. 31.)

En conséquence, Einstein énonce le principe central : « L'objet de toute la science, que ce soit les sciences naturelles ou psychologiques, est de coordonner nos expériences et d'y apporter un ordre logique. » (Einstein, 1922/1955.)

Sur cette base, nous défendons l'idée qu'une théorie peut être utile même si son lien avec la réalité est lointain ou même si les observations montrent qu'elle repose sur des présuppositions qui sont fausses. Tout d'abord, il y a des phénomènes que nous comprenons si mal qu'il est déjà très utile de pouvoir imaginer quelles familles de mécanismes pourraient les expliquer. Revenons à l'exemple des cristaux de glace, dont la morphologie a été longuement étudiée par Nakaya (Nakaya, 1954) et par Libbrecht (Libbrecht, 2004). En physique, il y a des théories bien établies sur le comportement des molécules d'eau. De plus, nous connaissons plutôt bien les formes des cristaux de glace, et même dans quelles conditions de température, de pression et d'humidité telles formes apparaissent. Cependant, il reste encore de nombreux aspects que nous ne comprenons pas concernant les mécanismes qui permettent de passer du niveau de la physique des molécules d'eau au niveau des structures cristallines. En complément de modèles purement mathématiques et analytiques (Langer, 1980), des chercheurs ont mis en œuvre des simulations sur ordinateur qui ont permis des avancées notables dans la compréhension de ces mécanismes (Wolfram, 2002). Ils ont utilisé des automates cellulaires. Ce sont des grilles dans lesquelles chaque cellule peut être allumée ou éteinte. Leur état évolue en fonction de leurs voisins et selon des règles du type : si l'un d'eux est allumé, alors s'allumer aussi. Par exemple, Wolfram (Wolfram, 2002) présente des règles de ce type telles qu'à partir d'un groupe de quatre cellules allumées au centre de la grille (la molécule racine qui lance la croissance cristalline), une forme similaire à celle des cristaux de glace apparaît spontanément par croissance et auto-organisation, comme l'illustre la figure 5.1. Dans le détail, cet automate cellulaire est très différent des molécules d'eau réelles. Cependant, cette simulation propose une vision particulièrement stimulante de la formation des cristaux de glace : après l'avoir vue, on imagine facilement que la seule interaction des molécules d'eau avec les propriétés qu'on leur connaît, même si elles n'ont rien à voir avec la symétrie des cristaux, peut mener spontanément à leur formation sans qu'il soit besoin de recourir à d'autres forces. Ainsi, une partie des propriétés des cristaux de glace n'est plus un miracle. En parallèle, d'autres simulations informatiques, modélisant précisément la physique des molécules d'eau, ont permis d'étudier non plus qualitativement, mais quantitativement la formation de structures cristallines précises (Kobayashi, 1998).

**Figure 5.1.** Cette figure représente l'état d'un automate cellulaire après 13 itérations de la règle « si un seul voisin est allumé, alors s'allumer aussi », à partir de l'état initial avec les 4 cellules centrales allumées et toutes les autres éteintes. Les différentes nuances de gris et les différents motifs correspondent à différents pas dans l'itération (les cellules les plus foncées correspondent aux étapes 0, 5 et 10). Cela illustre comment des règles locales d'interaction peuvent mener à la croissance de formes qui ressemblent à celles des cristaux de glace, grâce à l'auto-organisation.

Ensuite, une théorie, particulièrement si elle est formelle et computationnelle, peut être utile pour évaluer la cohérence interne d'autres théories ou la compatibilité logique entre plusieurs théories. Une théorie éloignée de la réalité ou invérifiable peut apporter de l'ordre dans l'ensemble de théories existantes. En effet, beaucoup des représentations que les scientifiques construisent, en particulier dans les sciences humaines, sont verbales. Parce qu'elles font des présuppositions approximatives ou qu'elles utilisent l'intuition pour dériver des conclusions, elles peuvent contenir des erreurs ou au contraire rester trop peu convaincantes pour une partie de la communauté scientifique. Nous allons donner deux exemples de modèles informatiques et robotiques qui ont permis à la science d'avancer dans ces deux cas (voir notre étude détaillée dans un autre ouvrage pour de nombreux exemples [Oudeyer, 2009]).

Le premier exemple concerne l'imitation et la représentation de soi chez le nourrisson humain. Certains chercheurs ont proposé que, quand les bébés imitent le mouvement du bras de quelqu'un d'autre avec leur propre bras, cela montre qu'ils doivent avoir un concept de l'« autre ». En bref, ils en déduisent qu'ils possèdent une forme primitive de théorie de l'esprit, et *a fortiori* qu'ils possèdent des représentations primitives de l'autre (Guillaume, 1925). Cependant, un groupe de chercheurs – mêlant roboticiens, psychologues et chercheurs en neurosciences – a présenté un modèle robotique dans lequel un robot copie le mouvement du bras de quelqu'un d'autre, alors qu'il n'a aucun concept ou aucune représentation de l'« autre » (Andry *et al.*, 2001). La copie résulte de ce qu'ils appellent l'*aliasing* perceptuel : le robot pense que le bras qu'il voit est le sien et corrige l'erreur entre cette perception et l'état de ses moteurs. Cela prouve que l'observation d'un comportement d'imitation apparemment complexe ne requiert pas de théorie de l'esprit. Bien sûr, cela ne montre pas si le nourrisson en a une ou non quand il réalise cette tâche, mais cela contraint les conclusions intuitives que l'on peut faire quand on fait des observations de son comportement. Peut-être que la manière dont le robot copie diffère beaucoup de la manière dont le bébé copie, mais cette simulation robotique agit comme un « conte » préventif très puissant. Ce type de modèle est intéressant, car on sait exactement ce qu'il y a dans le robot ou dans le programme, et cela ouvre la voie à des comparaisons inspirantes basées sur les analogies comportementales entre le robot et les êtres vivants (beaucoup de chercheurs utilisent aussi des comparaisons entre animaux, ce qui a ses avantages, mais a aussi le désavantage que l'on est loin de comprendre tous les mécanismes cognitifs et comportementaux des animaux !).

Un second exemple de simulation computationnelle concerne le cas de l'effet Baldwin. Au XIXᵉ siècle, Baldwin (Baldwin, 1896) et Morgan (Morgan, 1896) ont développé une théorie proposant que l'évolution génétique pouvait être modifiée par l'apprentissage. Plus précisément, ils ont proposé que certains comportements acquis pouvaient devenir innés (câblés génétiquement) au cours des générations et au niveau de toute la population. Cette théorie, principalement verbale, a été négligée jusqu'à assez récemment par la communauté scientifique (French et Messinger, 1994). Ce n'est pas surprenant car cette théorie ressemble au lamarckisme, proposant que l'évolution consiste en l'héritage des caractères acquis, et qui a été longtemps discréditée (jusqu'à ce que des découvertes récentes dans le domaine de l'épigénétique montrent que les mécanismes de l'hérédité sont plus complexes que l'on ne croyait [Richards, 2006]). Cependant, Hinton et Nolan (Hinton et Nolan, 1987) ont présenté un modèle computationnel qui prouve que le concept de l'effet Baldwin est compatible avec la théorie darwinienne. Leur modèle consiste en une population de chaînes de 0 et de 1 et de « cartes blanches », supposées être les gènes d'une population d'individus. Chaque gène code pour un trait capable d'avoir la valeur 0 ou 1. Cette valeur peut être spécifiée de manière innée dans le génome ou acquise grâce à l'utilisation des « cartes blanches ». Les individus sont évalués selon une fonction de sélection : si tous les traits de l'individu, après qu'il a utilisé ses « cartes blanches », sont à 1, alors l'individu a une valeur adaptative maximale, sinon elle vaut 0. Cette valeur adaptative sert à déterminer quels individus se reproduisent le plus. La simulation a montré qu'en autorisant des « cartes blanches », c'est-à-dire l'apprentissage, la population converge beaucoup plus rapidement vers la situation dans laquelle tout le monde n'a que des traits à 1 qu'une population dans laquelle l'apprentissage n'est pas autorisé. De plus, à la fin, les « cartes blanches » disparaissent et tous les traits sont mis à 1 de manière innée. Ce modèle reste très éloigné de la biologie réelle. Ses présuppositions sont même fausses (par exemple, on suppose qu'il n'y a pas de différence entre le génotype et le phénotype). Cependant, elle a changé la biologie évolutionnaire : l'idée de l'effet Baldwin est maintenant considérée par les biologistes comme une idée plausible. Personne ne sait encore si le phénomène a vraiment lieu dans la nature, mais la science a fait un pas en avant.

Pour résumer ces différents exemples, les modèles abstraits (mathématiques ou informatiques) peuvent être éloignés de la réalité et cependant utiles pour dessiner et contraindre les contours de l'espace de recherche des théories. Ils peuvent montrer des voies nouvelles pour comprendre des phénomènes qui auparavant relevaient du mystère.

Les modèles que nous allons présenter dans les chapitres suivants ont ainsi été élaborés dans ce cadre épistémologique. Nous n'avons pas l'intention de proposer des explications directes et définitives sur l'origine et l'évolution de la parole. Ces questions sont encore trop complexes par rapport à la grande jeunesse des recherches sur ces sujets. L'objectif est exploratoire : nous essaierons de formuler et de proposer des familles de mécanismes, fonctionnellement plausibles, qui peuvent générer un certain nombre de structures de la parole que nous cherchons à expliquer. Le rapport entre ces modèles et les systèmes humains n'est pas un rapport d'identification, c'est un rapport d'analogie. Ainsi, nous essaierons de montrer que de tels modèles sont utiles pour préciser les contours de l'espace des explications possibles qui ont déjà été proposées, voire d'en générer de nouveaux types. L'objectif principal est donc ici de participer à une organisation nouvelle de la réflexion théorique sur les questions de l'origine de la parole, dans laquelle le concept d'auto-organisation a une place centrale.

# CHAPITRE 6

# Un modèle de l'auto-organisation de systèmes de vocalisations

Dans ce chapitre nous allons décrire une première version d'un système artificiel permettant d'étudier certains aspects de la morphogenèse des systèmes de vocalisations. Celui-ci consiste en un modèle informatique qui simulera un groupe d'individus dotés de capacités de perception, de production et d'apprentissage des vocalisations. Parce que ce système inclut des modèles, même très simples et simulés, de propriétés physiques du conduit vocal et de l'oreille, donc du corps, il est aussi un modèle robotique. Ces individus se déplacent aléatoirement dans un environnement virtuel. Ils produisent des vocalisations, c'est-à-dire des mouvements de leur conduit vocal, selon un babillage statistiquement influencé par les vocalisations émises par leurs voisins. Leurs vocalisations sont au départ aléatoires, continues et inorganisées. Progressivement, elles vont s'auto-organiser, et tous les individus vont partager un même système de vocalisation, dans lequel un petit nombre de sons élémentaires sont systématiquement réutilisés pour construire et percevoir des vocalisations analogues à des syllabes. Le système devient donc digital et combinatorial.

## *Mécanisme*

Pour construire le mécanisme de perception et de production des vocalisations des individus, nous prendrons le point de vue de la phonologie articulatoire (Browman et Goldstein, 1986), et plus généralement celui de toute une partie de la communauté des chercheurs en contrôle moteur chez les mammifères (Kandel *et al.*, 2001), qui défend l'idée que les gestes (ou plus généralement les relations entre organes) sont les représentations centrales et élémentaires qui permettent de construire le mouvement vocal. Ici, pour être précis, nous appellerons « geste » une commande qui spécifie un objectif articulatoire, lui-même défini par une relation entre plusieurs organes (comme le lieu d'articulation ou la distance entre les deux lèvres)[1]. Ainsi, ces objectifs articulatoires constitueront une instance du concept général de « primitives motrices », briques de Lego qui permettent de construire des mouvements complexes chez de nombreux êtres vivants (Flash et Hochner, 2005). Nous faisons la simplification suivante par rapport à la description des vocalisations que fait la phonologie articulatoire : au lieu d'avoir des vocalisations définies par plusieurs pistes de gestes à effectuer en parallèle, nous n'utilisons qu'une seule piste. Cela veut dire qu'une vocalisation sera une séquence de gestes à enchaîner, mais qu'il n'y aura pas de gestes à effectuer en parallèle. De plus, pour des raisons de visualisation des résultats, nous n'utiliserons qu'une, deux ou trois dimensions pour définir les objectifs articulatoires (qui pourront être vus comme le lieu et la manière d'articulation ainsi que la rondeur des lèvres par exemple). Une vocalisation consistera en une séquence de deux, trois ou quatre gestes. Ces gestes, qui sont des commandes motrices, sont exécutés par un système de contrôle de plus bas niveau qui fait bouger les organes de manière continue en visant les objectifs articulatoires selon un certain timing.

Dans le système présenté dans ce chapitre, nous supposerons que les individus sont capables de retrouver la trajectoire de relations entre organes qui correspond à une vocalisation qu'ils entendent[2]. Nous supposons aussi dans ce chapitre qu'ils sont capables de trouver les activations musculaires qui vont faire bouger les organes de telle manière que les relations entre organes spécifiées par les gestes soient réalisées. Différents travaux dans la littérature présentent des

---

1. Cependant, les résultats présentés sont aussi compatibles avec l'idée que les objectifs articulatoires sont des configurations définies par les positions individuelles des organes, ou bien définies par un ensemble de formants dans l'espace auditif par exemple.

2. Nous utilisons l'expression « trajectoire de relations entre organes » au lieu de « séquence de gestes » parce que nous ne supposerons pas au contraire qu'initialement les individus sont capables de retrouver les objectifs articulatoires qui ont permis de générer la trajectoire continue (les objectifs articulatoires seront des points comme les autres sur cette trajectoire). En effet, n'importe quel point sur cette trajectoire pourrait être un objectif qui a été utilisé pour spécifier la production de la vocalisation. Cela veut dire que, initialement, les individus ne sont pas capables de détecter des « événements » sonores qui pourraient correspondre aux objectifs articulatoires.

mécanismes qui expliquent comment ces traductions d'un espace à l'autre peuvent être apprises et réalisées (Bailly *et al.*, 1997 ; Howard et Messum, 2011 ; Moulin Frier et Oudeyer, 2012). Nous en donnerons un exemple dans le chapitre suivant. Pour l'instant, nous présupposons que les individus peuvent le faire. Cela va nous permettre de n'utiliser qu'une seule représentation dans ce chapitre, qui est celle des relations entre organes. Donc nous n'utiliserons pas les représentations acoustiques et musculaires, ce qui permettra une visualisation et une compréhension plus intuitive. Nous utiliserons le terme « son » pour référer à une vocalisation, mais nous ne travaillerons qu'avec la trajectoire de relations entre organes (donc nous nous permettons dans cette partie d'étendre le sens du terme « son »). Un individu perçoit ici directement la trajectoire continue de relations entre organes qui caractérise la vocalisation d'un autre individu (mais il ne perçoit pas les gestes qui l'ont produite).

Nous allons maintenant expliquer en détail les fondements, c'est-à-dire les présuppositions, des mécanismes qui définissent l'architecture interne des individus. Nous les présentons organisées en six groupes.


UNITÉS NERVEUSES

Le cerveau artificiel des individus se compose d'unités nerveuses, notées $n_i$. Ce que nous appelons ici une unité nerveuse est une boîte qui reçoit des signaux en entrée, correspondant à des mesures, et qui les intègre pour calculer un niveau d'activation. Ils modélisent fonctionnellement certaines opérations réalisées par des neurones biologiques. Typiquement, l'intégration se fait en comparant d'abord le vecteur des entrées avec un vecteur interne, que nous notons $v_i$ et appelons « vecteur préféré », et qui est particulier à chaque unité nerveuse[1]. Ensuite, on filtre le résultat de cette comparaison avec ce qui s'appelle une « fonction d'activation », qui calcule l'activation ou réponse du neurone. La figure 6.1 schématise une unité nerveuse.

La fonction d'activation est ici une fonction gaussienne, dont la largeur est un paramètre de la simulation. Les fonctions d'activation gaussiennes font qu'il y a une entrée pour laquelle le neurone répond maximalement : c'est celle qui a la même valeur que le

---

1. Ce vecteur interne correspond aux poids des neurones souvent utilisés dans la littérature sur les réseaux de neurones.

vecteur $v_i$ (d'où son nom de « vecteur préféré »). Quand les entrées s'éloignent du vecteur préféré dans l'espace des entrées, l'activation décroît selon une fonction gaussienne. Quand la largeur de la gaussienne est large, cela implique qu'elle n'est pas très spécifique et qu'il y a beaucoup d'entrées différentes pour lesquelles l'unité répond de manière significative.

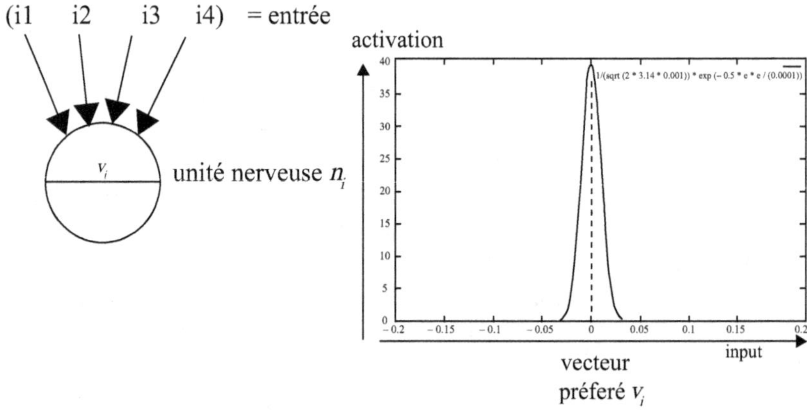


**Figure 6.1.** Une unité nerveuse et sa fonction d'activation gaussienne. L'entrée est un espace de dimension D. Pour raison de visualisation, nous ne représentons que la projection de la fonction d'activation sur une de ses dimensions d'entrée.

Le vecteur préféré des unités nerveuses change au fur et à mesure que de nouvelles entrées sont perçues. Nous décrirons en détail ce phénomène d'apprentissage dans la section « Plasticité ». La largeur des gaussiennes ne change pas quand des stimuli sont perçus, elle reste fixe. Ainsi, le centre des fonctions d'activation évolue avec le temps, mais pas la largeur[1].

---

1. Si l'on note $tune_{i,t}$ la fonction d'activation de $n_i$ au temps $t$, $s$ un vecteur stimulus et $v_i$ le vecteur préféré de $n_i$, alors la forme mathématique de la fonction est :

$$tune_{i,t}(s) = \frac{1}{\sqrt{2\pi\sigma}} * e^{-\frac{1}{2}\|v_i - s\|^2/\sigma^2}$$

La notation $\|v_1 - v_2\|$ désigne la norme de la différence entre les vecteurs $v_1$ et $v_2$. Le paramètre $\sigma$ détermine la largeur de la gaussienne, et s'il est grand les neurones ne sont pas très spécifiques. Une valeur de $\sigma^2 = 0{,}001$, comme utilisée plus bas, implique que les unités nerveuses répondent significativement à à peu près 10 % de l'espace des entrées.

## PASSAGE ENTRE L'ESPACE PERCEPTUEL
## ET LES ESPACES MOTEURS

Comme nous l'avons déjà dit plus haut, nous présupposons dans ce chapitre qu'un individu, étant donné un signal acoustique, peut retrouver la trajectoire de relations entre organes correspondante[1]. Cependant, initialement les individus ne sont pas capables de retrouver les objectifs articulatoires qui ont servi à construire la trajectoire de relations entre organes. Nous supposons aussi qu'étant donné une suite d'objectifs articulatoires dans l'espace des relations entre organes, les individus sont capables de trouver une trajectoire dans l'espace des activations musculaires qui feront bouger les organes de telle manière que les objectifs soient atteints[2].

Cela va nous permettre de n'utiliser que le niveau de représentation concernant les relations entre organes, et donc une visualisation et une compréhension plus intuitives. Si nous avions utilisé les trois représentations, comme schématisé sur la figure 6.2, nous aurions eu trois cartes nerveuses, chacune composée d'unités nerveuses codant un espace. Il y aurait une carte nerveuse perceptuelle, composée de neurones qui recevraient leurs entrées de l'activation de la cochlée. Ces entrées pourraient être des formants par exemple. Ensuite, il y aurait des unités nerveuses dans une carte des relations entre organes qui seraient connectées avec des neurones dans la carte perceptuelle. La troisième carte nerveuse serait composée d'unités nerveuses codant pour l'espace des activations musculaires, et serait connectée aux neurones de la carte des relations entre organes. Ensuite, l'activation des neurones de la carte nerveuse musculaire serait utilisée pour contrôler les organes, ce qui produirait du son. Techniquement, supposer que les individus sont capables de passer d'une représentation à l'autre veut dire que les connexions entre les cartes nerveuses sont telles que, quand un son active la cochlée et les neurones dans la carte perceptuelle, alors les neurones dans la carte des relations entre organes qui

---

1. Nous décrirons dans le chapitre suivant comment ce type de traduction, que nous supposons ici, peut être appris par l'individu.

2. La fonction qui fait correspondre l'espace des relations entre organes à l'espace des activations musculaires n'est pas un isomorphisme : un objectif dans l'espace des relations entre organes peut être réalisé souvent par plusieurs organes ou combinaisons d'organes. Nous supposons qu'au moins une possibilité peut être trouvée. La façon dont le choix entre plusieurs possibilités peut être fait a été décrite dans la littérature (Bailly *et al.*, 1997).

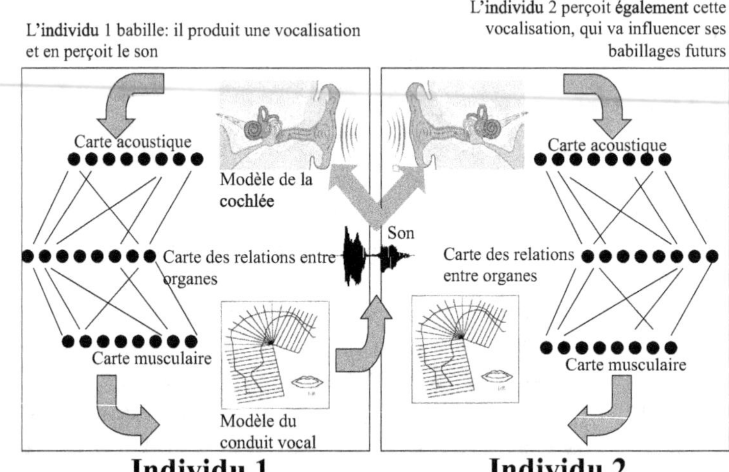



**Figure 6.2.** Architecture générale des individus modélisés. Chaque individu est doté d'un modèle de l'oreille, du conduit vocal et de son contrôle, ainsi que d'un modèle du système nerveux qui connecte ces modalités et s'adapte par apprentissage. Les individus se déplacent aléatoirement dans leur environnement et babillent en activant au hasard leur système nerveux. Cela produit une vocalisation perçue par eux-mêmes ainsi que par leurs voisins, qui ne font pas la différence avec leurs propres vocalisations. Quand ils perçoivent une vocalisation, le système nerveux s'adapte de telle manière que les babillages futurs seront biaisés pour ressembler un peu plus à la distribution des vocalisations qu'ils entendent. Dans ce chapitre, nous faisons la simplification que les correspondances entre les représentations auditives et motrices des vocalisations sont connues par les individus, et n'utilisons ainsi qu'une représentation intermodale. Dans le chapitre suivant, nous montrerons comment une telle correspondance peut être apprise par les individus au cours de leur babillage et en même temps que s'auto-organise dans leur groupe un système combinatorial partagé.

sont le plus activés ont leur vecteur préféré qui correspond à la relation entre organes qui a produit le son. En outre, le vecteur préféré des neurones de la carte des activations musculaires qui sont le plus activés correspond à la configuration musculaire qui a produit cette relation entre organes. Plusieurs travaux ont montré comment ces connexions pouvaient être apprises au cours d'un babillage (Bailly *et al.*, 1997 ; Oudeyer, 2003b).

Parce que nous utilisons uniquement l'espace des relations entre organes, les unités nerveuses ont des entrées directement codées en termes de relations entre organes. La production d'une

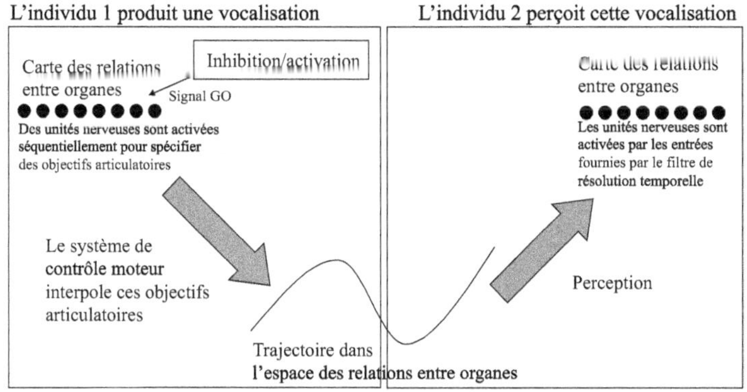


**Figure 6.3.** Dans ce chapitre, nous utilisons seulement le niveau de représentation des relations entre organes, puisque nous supposons que les individus sont capables de passer de l'espace perceptuel à l'espace des relations entre organes, et de l'espace des relations entre organes à celui des activations musculaires.

vocalisation, programmée par une séquence d'activations de plusieurs neurones $n_i$ comme nous l'expliquons plus bas, consiste donc seulement en la formation d'une trajectoire continue dans l'espace des relations entre organes. Les individus ne s'échangent que ces trajectoires. La figure 6.3 schématise cette simplification.

Un module noté « inhibition/activation » permet d'envoyer un signal GO qui laisse une vocalisation se réaliser quand les unités nerveuses sont activées. En l'absence de ce signal, les commandes spécifiées par l'activation des unités nerveuses ne sont pas effectivement exécutées. Cela veut dire que l'activation des neurones $n_i$ par un son extérieur ne provoque pas directement la reproduction de ce son. La copie nécessite le signal GO. Dans le système, les individus n'utilisent jamais ce signal GO quand ils viennent d'entendre un son, mais seulement à des moments aléatoires, ce qui fait qu'ils ne copient pas ce qu'ils viennent d'entendre, et donc on n'observe pas en pratique d'individu imitant une vocalisation d'un autre individu juste après l'avoir perçue. Néanmoins, comme nous allons le voir, le système nerveux s'adapte de telle manière que les vocalisations des individus sont influencées par celles qu'ils perçoivent.

## PERCEPTION ET PLASTICITÉ

Dans la dernière section, nous avons expliqué que ce qu'un individu percevait de la vocalisation d'un autre individu était une trajectoire continue dans l'espace des relations entre organes. Maintenant, nous allons expliquer comment le cerveau des individus traite cette trajectoire et comment ce stimulus change les vecteurs préférés des unités nerveuses.

Tout d'abord, les individus ne sont pas capables de détecter des événements de haut niveau dans la trajectoire continue, qui pourraient leur permettre de trouver quels points correspondent aux objectifs articulatoires utilisés par l'individu qui a produit la vocalisation. Ils segmentent donc la trajectoire en de toutes petites parties, qui correspondent à la résolution temporelle de la perception (si nous utilisions les trois représentations, cela correspondrait à la résolution temporelle de la cochlée). Ensuite, chacune de ces petites parties est moyennée[1], ce qui donne une valeur dans l'espace des relations entre organes, qui est alors envoyée aux unités nerveuses. Ces unités nerveuses sont alors activées selon une intensité qui dépend de leur fonction d'activation. La figure 6.4 schématise

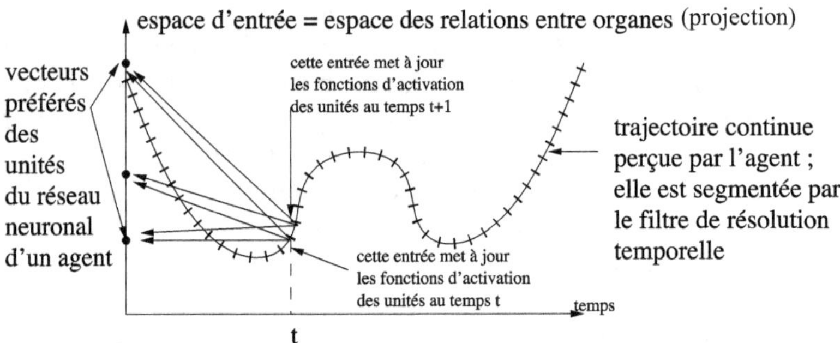


**Figure 6.4.** Chaque individu obtient une trajectoire continue (dans l'espace des relations entre organes) quand il perçoit la vocalisation d'un autre individu. Il utilise alors un filtre de résolution temporelle qui segmente cette trajectoire en une séquence de parties très courtes. Pour chacune de ces parties, on calcule la moyenne, et le résultat est un stimulus envoyé à la carte nerveuse, dont les unités sont alors activées. Après réception de chaque stimulus et activation des unités, celles-ci sont mises à jour.

---

1. Si la dimension est supérieure à 1, alors chaque dimension est moyennée.

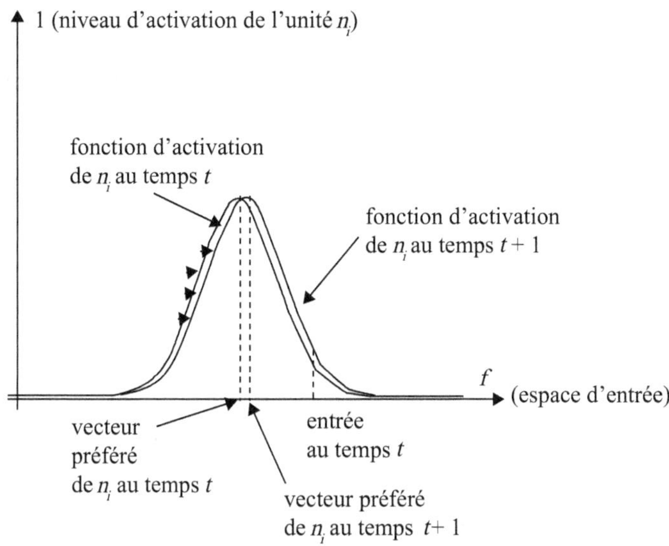


**Figure 6.5.** La mise à jour de chaque unité activée par un stimulus est telle que le vecteur préféré change de manière que l'unité réponde un peu plus encore si on lui présentait de nouveau et juste après le même stimulus. Cela correspond à une sensibilisation des unités, d'autant plus forte quand les neurones sont très activés, et d'autant plus faible quand ils sont peu activés.

ce traitement. L'axe des abscisses représente le temps, et l'axe des ordonnées représente l'espace des relations entre organes. Ici l'espace des relations entre organes est monodimensionnel. La ligne continue représente une vocalisation perçue par l'individu. Les petits segments qui la sectionnent représentent les petites parties que le filtre temporel extrait. Les valeurs moyennes de ces petites parties sont les entrées données séquentiellement aux unités nerveuses. Les unités nerveuses de cet individu sont représentées sur l'axe des ordonnées : chaque point correspond à un vecteur préféré. En effet, ces points sont à valeur dans l'espace des relations entre organes. Chacune de ces unités nerveuses est activée par chacune des moyennes.

Quand elles sont activées, les unités nerveuses sont modifiées. Cela veut dire que leurs vecteurs préférés sont changés. Ce changement correspond à une sensibilisation au stimulus pour les neurones qui ont répondu significativement. Cela implique que si le même stimulus est donné en entrée juste après, alors la réponse des unités nerveuses sera un tout petit peu plus forte. Le changement reste cependant très faible chaque fois et est pondéré par les activations de chaque unité nerveuse (à valeur entre 0 et 1). Les unités qui sont très actives changent plus que les unités qui ne le sont pas. La figure 6.5 illustre le changement des vecteurs préférés. Cette figure représente la fonction d'activation d'une unité nerveuse avant qu'elle reçoive une entrée, et après qu'elle en a reçu et traité une : le vecteur préféré a été déplacé. Nous voyons que d'un point de vue géométrique, le vecteur préféré se translate vers le stimulus, et l'amplitude de cette translation dépend de l'activation du neurone[1].

PRODUCTION

La production d'une vocalisation consiste à choisir une séquence d'objectifs articulatoires et à réaliser un mouvement du conduit vocal qui les atteint successivement. Ces objectifs articulatoires sont spécifiés par des relations entre organes, qui sont monodimensionnelles dans les premières simulations que nous allons présenter. Pour choisir ces objectifs articulatoires, un individu active séquentiellement et aléatoirement des unités dans sa carte nerveuse et, en même temps, envoie le signal GO décrit plus haut. Le vecteur préféré de l'unité nerveuse activée spécifie un objectif. Ensuite, il y a un système de contrôle qui exécute ces commandes en faisant bouger continûment et séquentiellement les relations entre organes vers l'objectif[2].

---

1. La formule mathématique de la nouvelle fonction d'activation est :

$$tune_{i,\,t+1}\,(s) = \frac{1}{\sqrt{2\pi}\,\sigma} * e^{-\frac{1}{2}\|v_{i,t+1}\,-\,s\|^2/\sigma^2}$$

où $s$ est le stimulus, et $v_{i,\,t+1}$ le vecteur préféré de $n_i$ après le traitement de $s$ :

$$v_{i,\,t+1} = v_{i,\,t} + 0{,}001 * tune_{i,\,t}(s) * (s - v_{i,\,t})$$

2. Notez que cette manière de produire des vocalisations contient déjà du discret. Nous supposons que les vocalisations sont spécifiées par une suite d'objectifs. Cela s'accorde avec la littérature sur le contrôle moteur des mammifères (Kandel *et al.*, 2001), qui le décrit comme étant organisé en deux niveaux : un niveau de commandes discrètes (nos objectifs articulatoires) et un niveau qui s'occupe de leur exécution. Donc l'aspect discret des commandes ne devrait pas être un trait qu'il faut expliquer dans le contexte des recherches sur les origines de la parole puisqu'il apparaît déjà dans l'architecture de contrôle moteur des mammifères. Cependant, nous ne supposons pas qu'initialement ces objectifs articulatoires sont organisés : l'ensemble des commandes utilisées pour définir les objectifs est un continuum, et il n'y a pas de réutilisation d'objectifs articulatoires d'une vocalisation à l'autre ; la digitalité et la compositionalité seront un résultat des simulations.

Si nous utilisions les trois représentations, le système de contrôle activerait les muscles de telle manière que les organes seraient bougés vers des configurations satisfaisant les spécifications de relations entre organes. Ici, le système de contrôle génère directement une trajectoire continue dans l'espace des relations entre organes qui passe par les objectifs. Cela est réalisé par interpolation polynomiale. La figure 6.6 schématise ce processus de production. Sur cette figure, l'axe des abscisses représente le temps et l'axe des ordonnées représente l'espace des relations entre organes. L'axe des ordonnées représente aussi les vecteurs préférés des unités nerveuses de la carte d'un individu. Cinq de ces unités sont activées séquentiellement, définissant les cinq objectifs articulatoires. Ensuite, le système de contrôle (interpolation polynomiale) génère une trajectoire continue qui passe par tous ces points. Cette trajectoire correspond à la vocalisation qui sera perçue par les individus qui l'entendront.

Un point crucial réside dans le fait que les unités nerveuses $n_i$ sont utilisées à la fois dans le processus de perception et dans le processus de production. En conséquence, la distribution des objectifs articulatoires qui sont utilisés dans la production est la même que celle des vecteurs préférés, qui eux-mêmes changent en fonction des vocalisations entendues dans l'environnement. Cela implique que si un individu entend certains sons plus souvent que d'autres, il aura tendance à les produire aussi plus souvent que les autres (ici, un « son » désigne une des petites parties des vocalisations résultant du passage du filtre temporel décrit plus haut). Nous pouvons noter qu'il n'y a pas de tentative de reproduction directe d'une vocalisation par un individu après en avoir perçu une d'un des autres individus. L'influence sur les babillages qu'a la perception des vocalisations des autres est un effet collatéral et statistique de l'augmentation de la sensibilité des neurones, qui est un mécanisme très générique de la dynamique nerveuse de bas niveau (Kandel *et al.*, 2001).

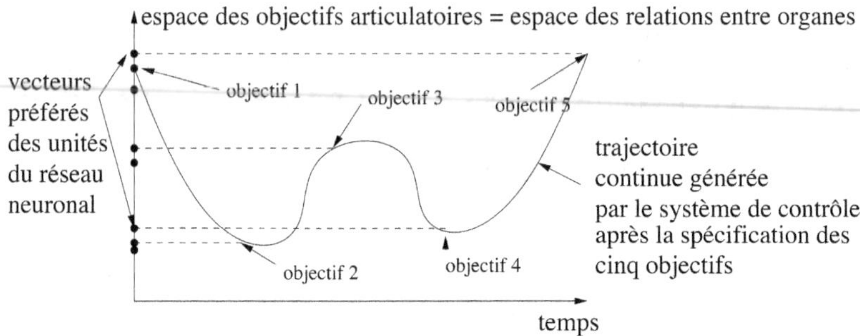


**Figure 6.6.** Quand un individu produit une vocalisation, plusieurs objectifs articulatoires sont spécifiés par l'activation séquentielle aléatoire d'unités nerveuses. Les vecteurs préférés de ces unités nerveuses définissent les relations entre organes qui doivent être atteintes à des temps donnés. Ces activations sont des commandes qui sont appelées gestes en phonologie articulatoire. Ensuite, un système de contrôle construit une trajectoire continue qui passe par tous les objectifs articulatoires.

## CONFIGURATION INITIALE
## DES UNITÉS NERVEUSES

Les vecteurs préférés des unités nerveuses sont par défaut initialement aléatoires selon une distribution uniforme dans la première version du modèle que nous étudions. Une distribution uniforme signifie qu'il y a des vecteurs préférés dans tout l'espace avec une densité identique partout. Cela veut dire qu'initialement les individus produisent des vocalisations composées d'objectifs articulatoires qui sont distribués uniformément sur tout l'espace. Cela implique ainsi qu'au départ tout le continuum des gestes possibles est utilisé (donc il n'y a pas de digitalité) et, parce qu'il y a beaucoup de neurones répartis dans tout l'espace, la réutilisation des objectifs articulatoires est très rare et due au hasard (donc il n'y a pas de combinatorialité). Aussi, l'activation globale de la carte nerveuse est en amplitude à peu près la même quel que soit le stimulus.

Cette présupposition sera modifiée dans une version « biaisée » du modèle, que nous présenterons aussi, et dans laquelle la distribution initiale des vecteurs préférés ne sera plus uniforme. Une distribution biaisée veut dire qu'elle n'est pas symétrique : initialement, certaines parties de l'espace des relations entre organes contiendront plus de vecteurs préférés que d'autres parties. Ce biais permet de prendre en compte des contraintes dues à la fonction qui fait correspondre des sons à des configurations articulatoires. Une distribution uniforme revient à supposer que cette fonction est linéaire et symétrique. Une distribution biaisée prend en compte les possibles non-linéarités.

En effet, si l'on regarde le conduit vocal humain, il y a des relations entre organes pour lesquelles un petit changement produit un petit changement dans le son, mais il y a aussi des relations entre organes pour lesquelles un petit changement produit un grand changement dans le son. Si nous utilisions une architecture comme celle de la figure 6.2, dans laquelle les unités nerveuses de la carte des relations entre organes sont activées par les neurones de la carte perceptuelle, cela veut dire qu'il y a certains sons qui activent significativement des unités nerveuses de la carte des relations entre organes dont les vecteurs préférés sont dans une partie étendue de l'espace des relations entre organes, et d'autres sons qui activent seulement les neurones dont les vecteurs préférés sont dans une petite partie de l'espace des relations entre organes. Ainsi, la loi d'apprentissage des neurones va avoir des conséquences différentes dans des parties différentes de l'espace. Des zones de l'espace seront telles que les vecteurs préférés bougeront plus vite que dans d'autres zones. Cela mène à une non-uniformité de la distribution des vecteurs préférés, avec plus de neurones dans les zones où de petits changements articulatoires donnent de petits changements sonores, et moins de neurones dans les zones où de petits changements articulatoires donnent de grands changements sonores. Dans le chapitre suivant, où nous implémenterons une partie de l'architecture de la figure 6.2, ce biais sera introduit par l'usage d'un synthétiseur articulatoire réaliste durant toute la simulation. Pour le moment, et pour rendre la compréhension plus facile, nous l'introduisons dans le système en biaisant dès le départ la distribution de vecteurs préférés.

Jouer avec la distribution initiale, en particulier en utilisant une distribution uniforme, permet d'étudier quels résultats sont dus ou ne sont pas dus à la présence de non-linéarités dans la fonction qui fait correspondre des sons à des configurations articulatoires. En particulier, nous allons montrer que la digitalité ainsi que la compositionalité ne nécessitent pas de non-linéarités pour être expliquées, ce qui contraste avec les théories existantes dans la littérature (voir chapitre 4).

## INTERACTIONS ENTRE LES INDIVIDUS

Les individus sont dans un monde dans lequel ils se déplacent aléatoirement. À des moments aléatoires, ils produisent une vocalisation entendue par les individus qui sont proches d'eux, et aussi par eux-mêmes (ils ne font pas la différence entre un son produit par eux-mêmes et un son produit par quelqu'un d'autre). Le choix du nombre d'individus qui entendent la vocalisation produite par l'un d'eux ne modifie pas les résultats que nous présenterons : ce sont à peu près les mêmes si l'on choisit un, deux, trois individus ou plus. Pour la généralité, un seul individu entendra la vocalisation d'un autre individu dans les simulations présentées dessous. D'un point de vue algorithmique, cela équivaut à choisir aléatoirement deux individus dans la population, et de faire produire une vocalisation à l'un qui est entendue et traitée par les deux individus.

Ainsi, les individus ne jouent pas un jeu de langage au sens employé dans la littérature (Hurford *et al.*, 1998 ; Steels, 1997), et en particulier ne jouent pas au jeu d'imitation utilisé dans plusieurs autres modèles de l'origine de la parole (de Boer, 2001 ; Oudeyer, 2001b : Oudeyer, 2002c). Leurs interactions ne sont pas structurées, il n'y a pas de rôles ni de coordination. Ils ne font pas la différence entre leurs propres vocalisations et celles des autres, et n'ont même pas de représentations des « autres ». Il n'y a pas de communication linguistique, c'est-à-dire qu'il n'y a pas d'émission d'un signal par un individu avec l'intention de porter une information qui va modifier l'état d'au moins un autre individu.

# *Dynamique*

## APPAREIL VOCAL LINÉAIRE

Nous allons maintenant décrire ce qui arrive à une population d'individus qui implémentent ces présuppositions. L'espace des relations entre organes sera ici monodimensionnel, et la distribution initiale sera uniforme, ce qui modélise l'absence de contraintes morpho-perceptuelles sur la production et la perception des sons[1].

---

1. Dans cette partie, $\sigma = 0,001$ et il y a 150 unités nerveuses et 10 individus.

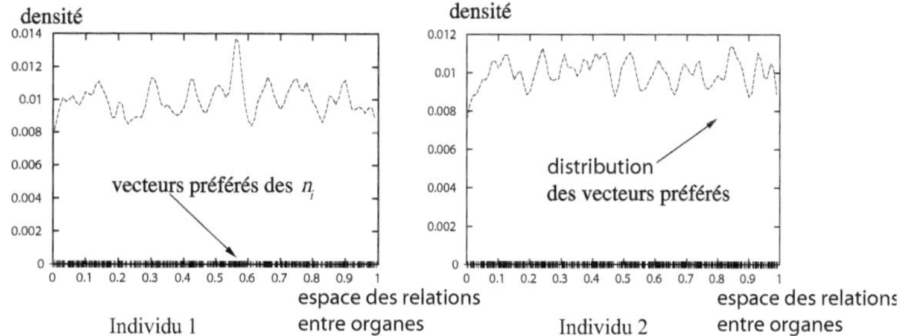


**Figure 6.7.** Distribution initiale des vecteurs préférés des unités nerveuses de deux individus ; l'espace des relations entre organes, en abscisse, est ici monodimensionnel. Les individus produisent des vocalisations spécifiées par des objectifs articulatoires répartis sur tout le continuum (les vocalisations sont analogiques).

La figure 6.7 illustre les distributions de vecteurs préférés de deux individus au début d'une simulation. L'axe des abscisses représente l'espace des relations entre organes (par exemple le lieu d'articulation ou la rondeur des lèvres), normalisé entre 0 et 1, et les points qui le parcourent sont les vecteurs préférés des unités nerveuses d'un individu. L'axe des ordonnées représente la densité des vecteurs préférés (cela permet de mieux voir comment ils sont répartis, surtout si beaucoup de points sont les uns sur les autres). Nous voyons qu'ils sont approximativement distribués uniformément. Comme la loi d'apprentissage des unités nerveuses fait que les individus tendent à produire la même distribution de sons que celle qu'ils entendent autour d'eux, et comme initialement tous les individus produisent à peu près la même distribution de sons, la situation initiale est un équilibre et est symétrique. Dans cette situation, chaque carte nerveuse est dans un état initial analogue à l'état initial des plaques ferromagnétiques qu'on a décrites au chapitre 3 (à la différence qu'on a ici une population de cartes nerveuses qui interagissent les unes avec les autres). À cause de la stochasticité dans le mécanisme, il va y avoir des fluctuations. L'étude de l'évolution des distributions montre que l'équilibre initial est instable : les fluctuations font changer le système d'état. La figure 6.8 montre la distribution des vecteurs préférés des deux mêmes individus 2 000 vocalisations plus tard. Nous voyons que maintenant il y a des clusters (c'est-à-dire des groupes bien distincts)

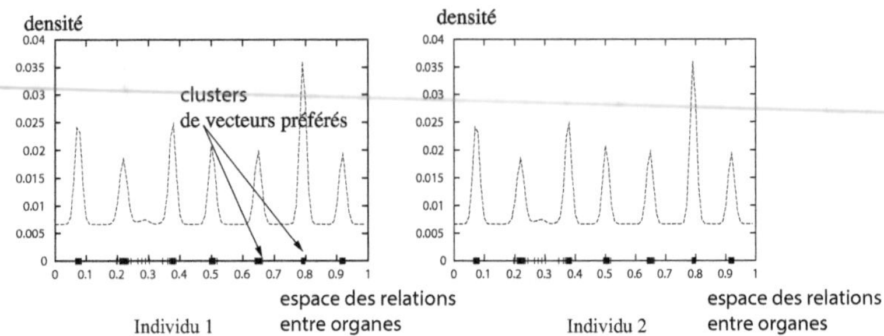


**Figure 6.8.** La distribution des vecteurs préférés des cartes nerveuses des deux mêmes individus que sur la figure précédente, après 2 000 vocalisations : elles sont multimodales, ce qui veut dire que les objectifs articulatoires utilisés sont pris parmi un petit nombre de clusters et, de plus, ces modes sont les mêmes chez les deux individus. Les individus ont donc généré un système de vocalisations partagé et digital. À cause du fait qu'il y a peu de modes, automatiquement ils vont être réutilisés systématiquement pour construire des vocalisations. On a donc un code de la parole combinatorial.

et que ces clusters sont les mêmes pour les deux individus. La nouvelle distribution de leurs vecteurs préférés est multimodale ; la symétrie a été brisée. Cela veut dire que les objectifs articulatoires qu'ils utilisent pour produire des vocalisations sont maintenant pris parmi l'un des clusters, que l'on appelle aussi modes. Le continuum des objectifs possibles a été cassé, la production des vocalisations est maintenant digitale. De plus, le nombre de clusters qui apparaissent reste petit et, ainsi, automatiquement les objectifs articulatoires vont être systématiquement réutilisés pour produire des vocalisations, qui sont donc devenues combinatoriales. Tous les individus partagent le même code de la parole dans la même simulation. Par contre, dans deux simulations différentes, la position et le nombre des modes sont différents, et ce même en gardant constants les paramètres de la simulation : cela résulte de la stochasticité inhérente au processus. La figure 6.9 illustre cette diversité.

L'évolution se stabilise au cours de la simulation. Pour montrer cela, le degré de clusterisation et la similarité entre les distributions de vecteurs préférés des individus ont été calculés à chaque pas de temps. Cela a été fait en utilisant l'entropie moyenne des distributions et la distance KL entre deux distributions (Duda *et*

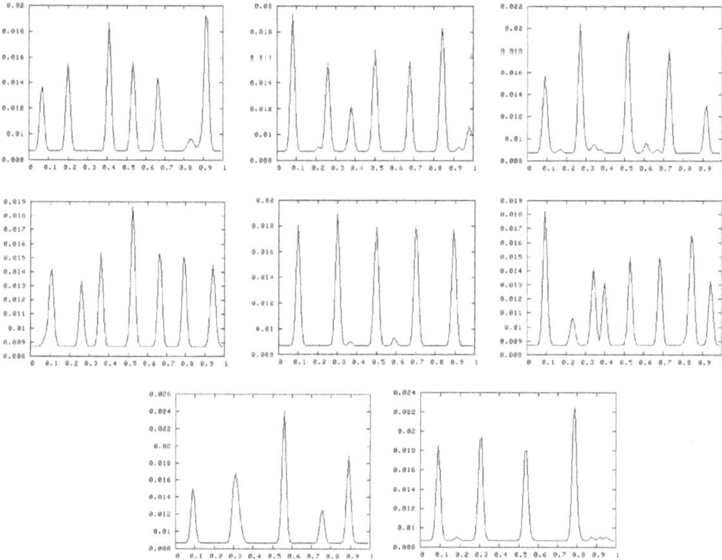

**Figure 6.9.** Plusieurs exemples de distributions finales de vecteurs préférés dans des simulations différentes. Tous ces résultats sont obtenus avec les mêmes paramètres. La stochasticité du système permet de générer des répertoires de phonèmes de tailles différentes et dont les emplacements dans l'espace sont aussi différents.

*al.*, 2000)[1]. Les figures 6.10 et 6.11 montrent l'évolution de ces deux mesures correspondant à une simulation impliquant dix individus. D'une part, l'entropie diminue, puis se stabilise, ce qui montre la cristallisation avec la formation de clusters. D'autre part, la distance moyenne entre les distributions de deux individus n'augmente pas (initialement, ils ont déjà la même distribution uniforme !), et même décroît, ce qui montre que les modes qui apparaissent sont les mêmes chez tous les individus.

---

1. Tout d'abord, un modèle des distributions de vecteurs préférés est réalisé dans chaque carte nerveuse, en utilisant la technique du *fuzzy binning* (Duda *et al.*, 2001). Elle consiste à approximer localement la distribution en un certain nombre de points répartis dans l'espace à modéliser. Ici, 100 points sont choisis régulièrement espacés entre 0 et 1. Pour chacun de ces points $v$, l'approximation de la densité locale de points est calculée avec la formule :

$$p_v = \frac{1}{n} \sum_{i=1}^{150} \frac{1}{\sqrt{2\pi}\,\sigma} e^{-\frac{1}{2}\frac{\|v - v_i\|^2}{\sigma^2}}$$

Il y a une cristallisation parce que avec la stochasticité naturelle du mécanisme, de temps en temps, certains sons sont produits un peu plus souvent que d'autres par la population d'individus (ici encore, « son » désigne une petite partie d'une vocalisation). Cela crée des déviations autour de la distribution uniforme, qui sont alors parfois amplifiées par le mécanisme d'apprentissage au travers d'une boucle de rétroaction positive. Ensuite, la symétrie se brise. Nous retrouvons là les ingrédients typiques des phénomènes d'auto-organisation que l'on a décrits au chapitre 3.

Cependant, pour être exact, ce qu'on appelle ici l'état de cristallisation, dans lequel plusieurs modes apparaissent, n'est pas encore l'état d'équilibre du système. En effet, s'il était possible de laisser fonctionner la simulation extrêmement longtemps, alors dans tous les cas, quels que soient les paramètres, il n'y aurait à la fin plus qu'un seul cluster. Cela provient du fait que la loi d'adaptation des vecteurs préférés est uniquement une force d'attraction, qui à chaque pas de temps fait se rapprocher les vecteurs préférés du vecteur correspondant au stimulus. Comme les stimulus sont générés à partir de ces distributions de vecteurs préférés, ils sont toujours à l'intérieur de la zone définie par tous les vecteurs pré-

---

où les $v_i$ sont les vecteurs préférés des neurones de la carte. $\sigma$ est pris de telle manière que les gaussiennes ont une largeur équivalant à 1/100. Une fois que les distributions des vecteurs préférés des cartes de tous les individus ont été modélisées, leur entropie respective est calculée (Duda *et al.*, 2001). L'entropie permet d'évaluer indirectement le degré de clusterisation, ou d'organisation, des points d'une distribution. L'entropie est maximale pour une distribution complètement uniforme, et minimale pour une distribution de points ou de vecteurs qui ont tous la même valeur (c'est-à-dire quand il y a un unique et parfait cluster). Elle est définie par la formule :

$$entropy = -\sum_{i=1}^{100} p_v ln\ (p_v)$$

Ensuite, la moyenne des entropies de toutes les distributions est calculée (chacune correspondant à un individu), ce qui donne une évaluation de la clusterisation moyenne dans les cartes de tous les individus. C'est donc une évaluation du degré de codage phonémique dans la population d'individus. Le degré de similarité entre deux distributions $p$ et $q$ de vecteurs préférés de chaque individu est mesuré en utilisant la distance de Kullback-Leibler, définie de la manière suivante :

$$distance\ (p,q) = \frac{1}{2}\sum_v \left(q_v\ log\left(\frac{q_v}{p_v}\right) + p_v\ log\left(\frac{p_v}{q_v}\right)\right)$$

Toutes les distances deux à deux des distributions de tous les individus sont ainsi calculées, et on en fait la moyenne pour évaluer à quel point les individus ont une organisation de leur espace des commandes partagé ou pas.

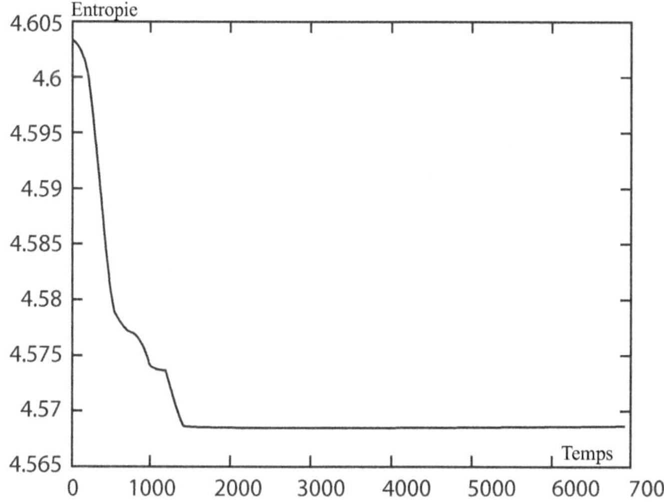



**Figure 6.10.** Pour évaluer l'évolution temporelle des distributions des vecteurs préférés des unités nerveuses, leur entropie moyenne a été calculée à chaque pas de temps ; nous voyons qu'elle décroît, ce qui correspond à la formation de clusters ou modes, et qu'elle se stabilise, ce qui correspond à un état de convergence (avec plusieurs modes).

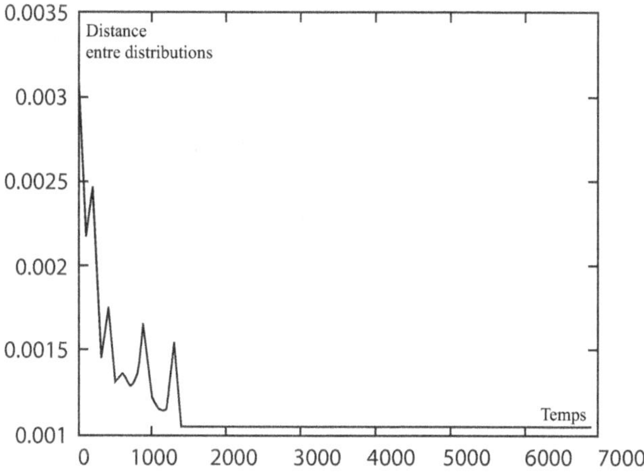



**Figure 6.11.** La distance moyenne entre les distributions des vecteurs préférés des unités nerveuses de chaque individu ; nous voyons qu'elle reste la même, ce qui veut dire que les modes sont identiques chez tous les individus à la fin de la simulation.

férés de tous les individus de la société. Et donc globalement à chaque pas de temps, cette zone se rétrécit (même si localement des neurones peuvent s'éloigner les uns des autres à cause de la non-linéarité de la loi d'adaptation). Seulement, au moment où se forment les différents clusters comme nous venons de le présenter, les stimuli deviennent concentrés justement sur les zones définies par ces clusters. Imaginons qu'il y a deux clusters C1 et C2. Cela veut dire que les stimuli sont statistiquement très concentrés autour des centres de C1 et C2. Prenons un stimulus correspondant au centre de C1. Il va faire se rapprocher du vecteur qui le définit à la fois les vecteurs préférés de C1 et C2. Pour ceux de C1, cela va avoir pour conséquence de les rapprocher encore plus du centre de C1, et ils vont finir par ne quasiment plus bouger une fois qu'ils y seront. Pour ceux de C2, cela va avoir très peu de conséquences : en effet, la force d'attraction due à la fonction gaussienne devient extrêmement faible à moyenne et à longue distance. Si l'on utilise la fonction gaussienne par défaut dans nos simulations[1], et si C1 et C2 sont séparés d'une distance de 0,2, alors le déplacement des vecteurs de C2 en direction de C1 à chaque perception d'un stimulus de C1 est de $5,36 \times 10^{-20}$. Cela veut dire qu'il faudrait de l'ordre de $10^{18}$ pas de temps dans la simulation pour voir les deux clusters fusionner, ce qui prendrait un temps de simulation sur l'ordinateur plus long que l'âge de l'univers, et donc bien supérieur à la longueur de la vie de nos individus ou de tout organisme. Voilà pourquoi nous nous sommes permis de qualifier l'état dans lequel apparaissent plusieurs modes comme C1 et C2 d'« état de convergence ». Il y a donc formation de clusters qui peuvent jusqu'à un certain point se fusionner rapidement, et une fois que tous les clusters sont assez éloignés les uns des autres[2], une phase commence dans laquelle plus aucune fusion ne se passe avant très longtemps (cela ne se passe en fait jamais car les individus n'existent pas assez longtemps). Ce phénomène de formation de patterns auto-organisés lors de la trajectoire d'un système dynamique en chemin vers un état d'équilibre est l'analogue de ceux découverts par Nicolis et Prigogine (Nicolis et Prigogine, 1977) dans les systèmes dissipatifs. D'ailleurs on peut remarquer que ce genre de phénomène n'a pas été étudié ni même conceptualisé très tôt au XXe siècle car les outils mathématiques dont disposaient les

---

1. Celle pour laquelle $\sigma^2 = 0,001$.
2. À peu près de 0,1 quand $\sigma^2 = 0,001$.

physiciens leur permettaient uniquement de calculer les états d'équilibre. C'est l'utilisation de simulations informatiques qui a permis d'observer le comportement des systèmes dynamiques avant qu'ils atteignent leur état d'équilibre, et de découvrir que des structures très organisées pouvaient se former.

Enfin, s'il n'y a qu'un seul individu dans la simulation et qu'on le laisse produire des vocalisations et les entendre, alors sa carte d'unités nerveuses va aussi s'auto-organiser dans un état où plusieurs modes coexistent. Cela veut dire qu'il y a deux résultats séparables : la digitalité et la combinatorialité sont expliquées par le couplage entre la perception et la production avec les neurones $n_i$, et peuvent être obtenues avec un seul individu ; mais lorsqu'on met plusieurs individus ensemble, alors leurs répertoires de clusters, et donc de commandes et de gestes, se synchronisent (alors que s'ils développaient chacun dans leur coin un répertoire, celui-ci serait particulier à chaque individu). Par ailleurs, si l'on met un individu avec une carte nerveuse uniforme dans une population d'individus qui a déjà formé un code de la parole, cet individu va apprendre ce code. Cela veut dire que le mécanisme pour apprendre un code de la parole est le même que celui qui permet à une population d'en former un à partir de rien.

### Robustesse du modèle

Le système artificiel comporte un certain nombre de paramètres : $\sigma^2$, le nombre d'individus, le nombre de neurones, le nombre d'individus qui entendent une vocalisation dans le voisinage de celui qui la produit. Seul $\sigma^2$ a une influence cruciale sur la dynamique. En effet, par exemple le nombre de neurones change peu les résultats s'il est assez grand, c'est-à-dire s'il permet une couverture initiale de l'espace assez dense. Expérimentalement, il suffit qu'il soit supérieur à 100 neurones pour obtenir les résultats qu'on a présentés. En faisant varier le nombre d'individus de 1 à 50 individus, la convergence est obtenue chaque fois au bout d'un nombre d'interactions par individu augmentant très peu (entre 150 et 500). Le nombre d'individus qui entendent les vocalisations prononcées par l'un d'eux a aussi très peu d'influence. Nous allons donc nous consacrer dans cette section à montrer l'influence de $\sigma^2$.

Nous montrons ici l'influence de ce paramètre quand il varie dans une zone de valeur allant de 0,000001 à 0,1 (0,1, 0,05, 0,01, 0,005, 0,001, etc., 0,000001). La figure 6.12 montre quelques-unes des fonctions gaussiennes associées à ces paramètres. Tout l'espace

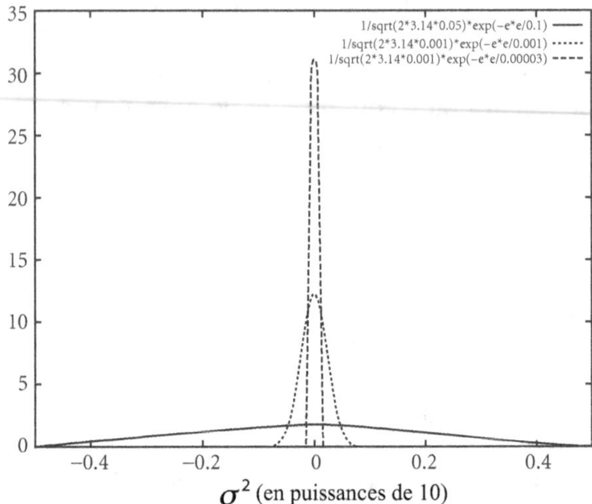


**Figure 6.12.** Quelques fonctions gaussiennes correspondant aux différentes valeurs de $\sigma^2$ expérimentées.

pertinent est couvert, c'est-à-dire qu'on va de la gaussienne dont la largeur est égale à la largeur de l'espace à la gaussienne dont la largeur est infime. Pour chacun de ces paramètres, une dizaine de simulations avec dix individus ont été réalisées, et pour chacune on mesure l'entropie moyenne des distributions des vecteurs préférés des neurones une fois que la convergence est atteinte (au sens énoncé dans la section précédente). L'entropie est une manière de mesurer le nombre de clusters qui apparaissent (ou leur non-apparition quand elle reste maximale). Les figures 6.13 et 6.14 présentent les résultats. Pour représenter $\sigma^2$, qui varie sur plusieurs puissances de 10, l'échelle des puissances de 10 a été utilisée. Par exemple, $\sigma^2 = 0{,}001 = 10^{-3}$ est représenté par le point d'abscisse 3 sur la figure 6.13. On distingue trois parties, que l'on peut aussi appeler phases, comme dans le cas des plaques ferromagnétiques présentées au chapitre 3. La première phase concerne toutes les valeurs de $\sigma^2$ qui sont plus grandes que 0,05 : il se forme systématiquement un seul cluster. C'est l'ordre maximal que l'on peut obtenir, qui correspond à l'entropie minimale. À l'autre extrémité de l'espace des valeurs, quand $\sigma^2$ est plus petit que $10^{-5}$, alors l'entropie est maximale : la symétrie initiale correspondant à la distribution aléatoire uniforme des vecteurs préférés n'est pas brisée. Cet état de symétrie maximale correspond à un état de désordre. La figure 6.14 en donne un exemple (distribution du bas). Entre ces deux zones de

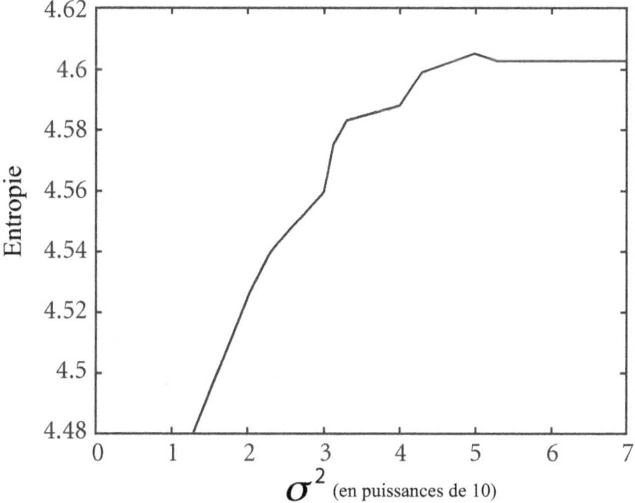


**Figure 6.13.** Variation de l'entropie moyenne des distributions de vecteurs préférés produites par des simulations utilisant des valeurs de $\sigma^2$ différentes. Pour représenter $\sigma^2$, l'échelle des puissances de 10 est utilisée : Par exemple, $\sigma^2$ = 0,001 = $10^{-3}$ est représenté par le point d'abscisse 3. On remarque trois phases : pour les grandes valeurs de $\sigma^2$ (donc proches de 0 sur l'axe des abscisses), il ne se forme qu'un seul mode ; pour les petites valeurs, la distribution reste aléatoire et uniforme ; pour les valeurs intermédiaires, plusieurs modes bien délimités apparaissent.

valeurs, on observe une troisième phase qui correspond à la formation de plusieurs clusters bien délimités (entre deux et une douzaine, au-delà il n'y a plus vraiment de clusters et les individus ne sont plus synchronisés). C'est dans cette zone que se trouve le paramètre $\sigma^2$ = 0,001 utilisé par défaut dans les sections précédentes. Cette organisation des vecteurs préférés en clusters bien délimités est une structure complexe qui apparaît donc dans la zone limite entre « l'ordre et le chaos », selon l'expression employée par exemple par Kauffman (Kauffman, 1996). Les transitions entre ces trois phases sont analogues à celles que nous avons décrites pour les cellules de Bénard ou les plaques ferromagnétiques au chapitre 3. En outre, il faut remarquer que la zone de paramètres dans laquelle se forment des répertoires de modes partagés entre tous les individus est très large : entre 0,00001 et 0,01, c'est-à-dire un espace qui couvre plusieurs puissances de 10 ! Il est donc possible de dire que le comportement du modèle est robuste aux changements de paramètres.

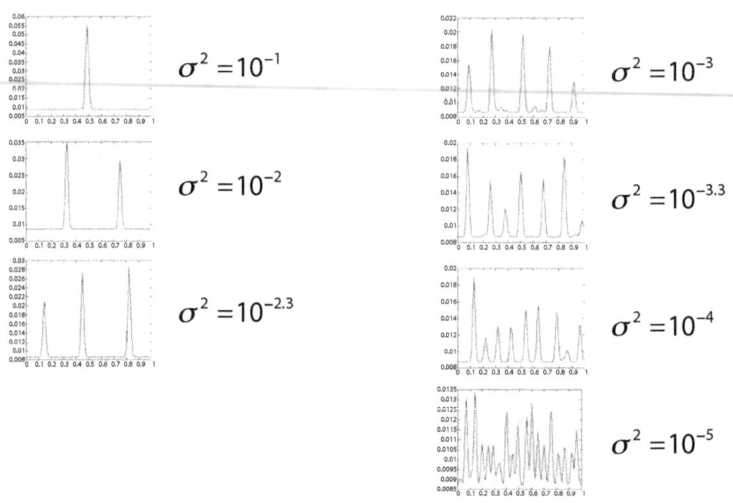


**Figure 6.14.** Exemples de systèmes générés pour des valeurs de $\sigma^2$ différentes.

## APPAREIL VOCAL NON LINÉAIRE

Dans les sections précédentes, nous avons supposé que la distribution initiale des vecteurs préférés était à peu près uniforme. Cela voulait dire que la fonction qui fait correspondre un son à des configurations articulatoires était linéaire, donc qu'on ne prenait pas en compte les contraintes dues aux non-linéarités physiques du conduit vocal. C'était intéressant car cela a permis de montrer qu'aucune asymétrie initiale n'est nécessaire pour obtenir de la digitalité (qui est une propriété d'asymétrie). En d'autres termes, cela montre qu'il n'y a pas besoin d'avoir des discontinuités ou non-linéarités dans la fonction qui fait correspondre des sons aux configurations articulatoires pour expliquer le codage phonémique (cela ne veut pas dire que les non-linéarités n'aident pas, mais juste qu'elles ne sont pas nécessaires).

Cependant, cette fonction a une forme particulière chez les humains, ce qui introduit un biais sur les sons de la parole. Nous avons expliqué plus haut que ce biais pouvait être modélisé pour l'instant par le contrôle de la distribution initiale des vecteurs préférés.

Nous allons travailler dans la suite de ce chapitre avec un biais abstrait, qui ne reproduit pas de manière réaliste les non-linéarités du conduit vocal humain, mais dont la généricité va

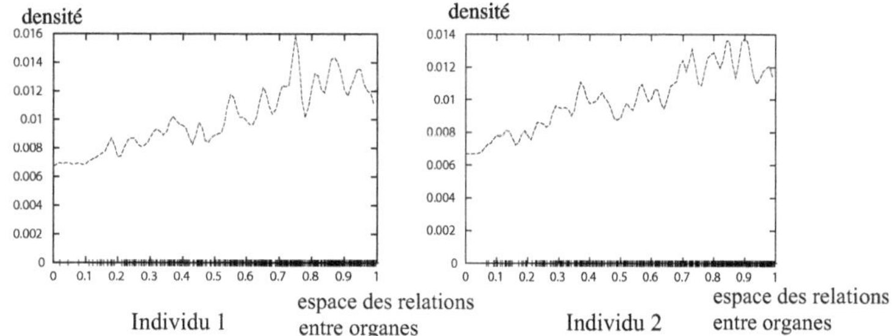

**Figure 6.15.** Distribution initiale des vecteurs préférés des unités nerveuses de deux individus dans le cas où l'on prend en compte des contraintes dues à la non-linéarité de la fonction qui fait correspondre des sons à des configurations articulatoires. Nous voyons ici qu'il y a plus de vecteurs préférés dans la deuxième partie de l'espace.

nous permettre de comprendre les conséquences de la présence de non-linéarités. Nous nous plaçons toujours ici dans le cas d'un espace monodimensionel des relations entre organes. La densité initiale de vecteurs préférés augmente linéairement entre 0 et 1 (elle était constante dans le cas d'une distribution uniforme). La figure 6.15 montre les distributions initiales de vecteurs préférés de deux individus. Elle montre qu'il y a moins de neurones avec des vecteurs préférés proches de 0 que de neurones avec des vecteurs préférés proches de 1. Cela va naturellement mener à une préférence statistique pour des modes ou clusters situés dans la deuxième partie de l'espace par rapport aux clusters situés dans

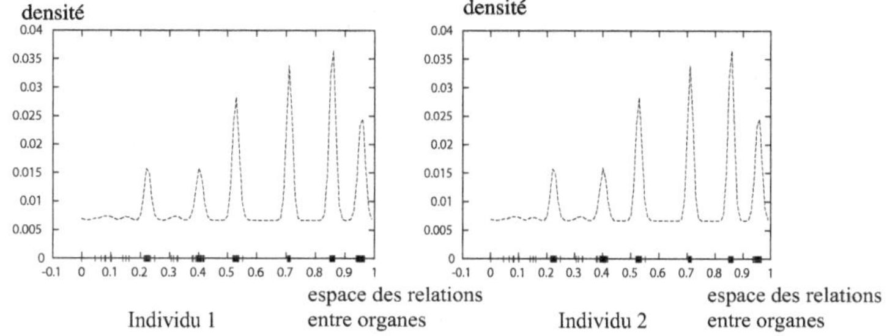

**Figure 6.16.** La distribution des vecteurs préférés des deux mêmes individus après 2 000 vocalisations. Il apparaît une préférence pour les clusters, et donc les objectifs articulatoires, placés dans la seconde partie de l'espace.

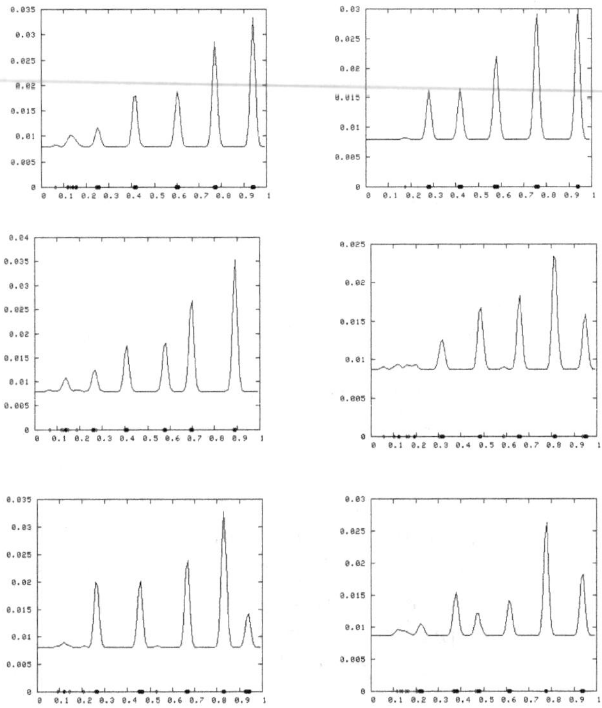

**Figure 6.17.** Quelques exemples de systèmes obtenus après 2 000 vocalisations.
La préférence pour les clusters placés dans la seconde moitié de l'espace n'est
que statistique : il arrive que ce soit la première partie de l'espace qui contienne
le plus de clusters.

la première partie de l'espace. La figure 6.16 montre les deux
mêmes individus 2 000 vocalisations plus tard. La préférence pour
les modes dans la deuxième partie de l'espace n'est cependant
que statistique : il se peut que des groupes d'individus développent
un système avec autant de modes dans la première partie de
l'espace. La figure 6.17 donne quelques exemples de la diversité
des systèmes que l'on obtient. Ce phénomène est crucial pour
comprendre à la fois la présence de régularités structurelles statistiques à propos des inventaires de phonèmes des langues
humaines, et en même temps leur grande diversité. Nous ferons
une étude plus détaillée de cet aspect dans le chapitre suivant,
dans lequel nous utiliserons des contraintes réalistes qui nous
permettront de comparer les résultats du système avec les sons
des langues humaines.

## Catégorisation
## et illusions perceptuelles

Dans le modèle que nous venons de présenter, les individus n'avaient pas de mécanisme pour catégoriser les objectifs articulatoires qu'ils utilisaient. Ils ne pouvaient pas regrouper des objectifs similaires dans la même « boîte ». Ils n'avaient pas de moyens de s'apercevoir que, quand ils activaient deux neurones du même cluster à la fin de la simulation, cela correspondait en fait au même mode, au même phonème. Ainsi, d'une certaine manière, la digitalité comme la combinatorialité étaient dans l'œil de l'observateur, mais les individus n'en avaient pas connaissance. De même, quand ils percevaient une vocalisation et la passaient à travers le filtre temporel pour la décomposer en petites parties ensuite approximées par leur moyenne, ils n'avaient pas de moyen d'organiser ces sons en diverses catégories. Or cela pourrait leur permettre de retrouver quels étaient les objectifs articulatoires utilisés pour produire la vocalisation. Nous allons donc maintenant étendre leurs mécanismes nerveux de manière à ce qu'ils soient capables de catégorisation. Nous définissons cette capacité de la manière suivante : catégoriser revient à laisser le système se mettre dans un état stable, dans lequel les activations de toutes les unités nerveuses restent fixes. Deux stimuli seront catégorisés comme étant les mêmes si l'état auquel ils conduisent le système est le même, et différent si cet état est différent. Dans la partie précédente, d'une certaine manière, les individus avaient leur carte nerveuse qui atteignait directement un état stable après la perception d'un stimulus : une entrée activait tous les neurones, et cette activation ne bougeait pas jusqu'à ce qu'une nouvelle entrée soit donnée. Mais de cette manière, deux stimuli qui étaient proches d'un cluster de vecteurs préférés, mais légèrement différents, conduisaient à une activité globale de la carte similaire, mais pas exactement identique. Il faut donc ajouter un mécanisme de relaxation qui conduise les unités nerveuses exactement vers le même pattern d'activations.

Pour cela, nous allons replacer la carte nerveuse dans son contexte général. Chez les humains, ce genre de cartes nerveuses, qui sont des variantes d'un modèle élaboré par Kohonen (Kohonen, 1982), a été souvent utilisé pour modéliser les cartes corticales qui sont, comme leur nom l'indique, des dispositifs qui font des modèles de leur environnement (il y a des cartes auditives, visuelles, tactiles, etc.), et dont l'information est ensuite possiblement utilisée par d'autres parties du cerveau (Aflalo et Graziano, 2006). Ces autres parties utilisent l'information stockée grâce à un décodage qui tente de reconstruire le stimulus d'entrée qui a conduit à l'ensemble des activations des neurones à ce moment. Une découverte en neurosciences, due à Georgopoulos (Georgopoulos, 1988), a permis d'établir un modèle de la manière dont le cerveau effectue ce décodage. La méthode utilise le concept de « vecteur de population » (*population vector* en anglais). Il s'agit de la somme de tous les vecteurs préférés des unités de la carte (pondérés par leur activation) normalisée par la somme de toutes les activations[1]. Quand il y a beaucoup d'unités nerveuses et que les vecteurs préférés sont répartis uniformément dans tout l'espace, alors cette méthode reconstruit assez précisément le stimulus d'entrée. Cependant, si la distribution des vecteurs préférés n'est pas uniforme, des imprécisions apparaissent. Un certain nombre de chercheurs pensent que cette imprécision montre un défaut du modèle de Georgopoulos et ont essayé de mettre au point des formules plus précises (Salinas et Abbott, 1994). Cependant, nous pensons que cette imprécision permet au contraire de rendre compte de phénomènes psychologiques comme les illusions acoustiques. Nous allons montrer que l'effet d'aimant perceptif (*perceptual magnet effect*), étudié par Kuhl *et al.* (Kuhl *et al.*, 1992) et décrit au chapitre 2, peut être expliqué par cette imprécision. Ensuite, nous montrerons comment une simple boucle de rétroaction entre la carte nerveuse et le système de décodage permet d'avoir un mécanisme de catégorisation.

Rappelons brièvement en quoi consiste l'illusion acoustique dite « effet d'aimant perceptif ». Notre perception des sons est biaisée par notre connaissance des sons de notre propre langue. Kuhl et ses collègues (Kuhl *et al.*, 1992) ont montré que, quand des humains doivent évaluer la similarité de couples de voyelles, ils ont tendance à percevoir les voyelles plus proches qu'elles ne le sont dans un espace objectif physique quand elles sont toutes les deux proches d'un même prototype de voyelle de leur langue, et à percevoir les

---

1. Si $s$ est le stimulus, et $N$ le nombre d'unités nerveuses :

$$pop(s) = \frac{\sum_{i=1}^{N} tune_{i,t} * v_i}{\sum_{i=1}^{N} tune_{i,t}}$$

est le vecteur population qui reconstruit $s$ à partir de l'ensemble des activations $tune_{i,t}$ des unités nerveuses et de leurs vecteurs préférés $v_i$.

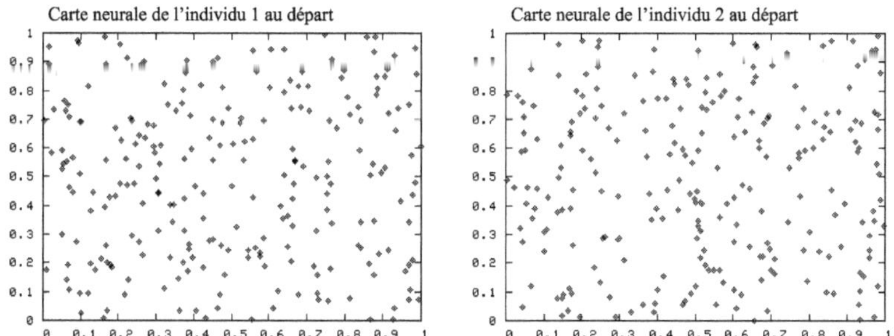


**Figure 6.18.** Les vecteurs préférés de deux individus au début de la simulation.

voyelles plus éloignées qu'elles ne le sont dans un espace physique quand elles sont proches de prototypes différents. En bref, il y a une sorte de déformation perceptuelle qui « attire » les sons autour de chaque prototype d'une langue (du point de vue de la sensation qu'on en a). Par effet collatéral, les différences entre les voyelles de catégories différentes sont accrues. C'est une instance d'un phénomène psychologique plus large qui s'appelle la « perception catégorique », définie ainsi : « La perception catégorique se passe quand des différences identiques d'un point de vue physique dans les signaux qui arrivent sur nos récepteurs sensoriels sont perçues comme plus petites pour les signaux de même catégorie que pour les signaux de catégories différentes » (Harnad, 1987). Évidemment, comme ces illusions dépendent, pour le cas des sons, des prototypes sonores d'une langue donnée, ils sont des phénomènes culturels.

Or le processus de décodage avec le vecteur population est tout à fait adapté pour modéliser le phénomène de sensation que l'on a d'un son. Il a d'ailleurs déjà été utilisé par Guenther et Gjaja (Guenther et Gjaja, 1996), pour rendre compte de l'effet d'aimant perceptif. Dans ce modèle, les auteurs utilisent une carte nerveuse similaire à celle que nous avons présentée, à la différence qu'ils utilisent un produit scalaire plutôt qu'une fonction gaussienne pour la fonction d'activation des unités nerveuses. La loi d'évolution des vecteurs préférés des neurones est aussi similaire. Cependant, une grande différence avec le travail que l'on présente ici est qu'ils font apprendre à un individu un système de sons qui existe déjà (en l'occurrence un système de voyelles). Ils ne se placent donc pas dans l'optique de la recherche sur l'origine de la parole et ne se posent pas la question de savoir d'où vient le système de sons qu'ils présupposent.

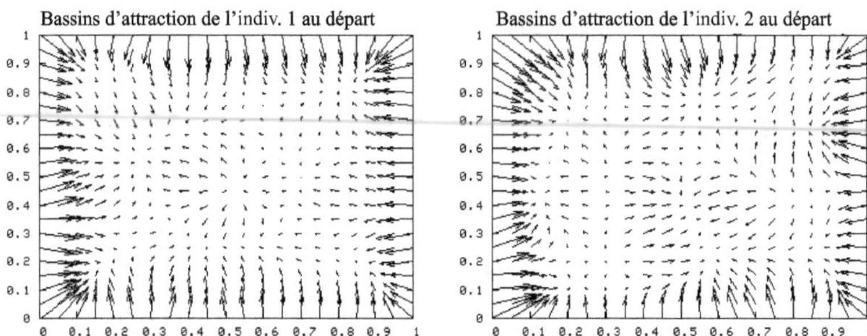


**Figure 6.19.** Représentation de la déformation perceptuelle pour un individu au début de la simulation : le début de chaque flèche correspond à un stimulus qui active la carte nerveuse, et la fin de ces flèches correspond à la reconstruction de ce stimulus après décodage des activations des neurones par le « vecteur population ». La déformation perceptuelle, c'est-à-dire la différence entre le stimulus et sa reconstruction interne, est ici faible au départ.

Pour illustrer ce processus, nous allons refaire des simulations similaires à celles présentées dans la partie précédente, mais en utilisant un espace des relations entre organes en deux dimensions, ce qui va permettre de visualiser l'effet d'aimant perceptif avec le système de décodage du vecteur population. La figure 6.18 montre l'exemple des distributions de vecteurs préférés des cartes nerveuses de deux individus au début d'une simulation. Après 2 000 vocalisations, les deux mêmes individus se retrouvent avec des cartes nerveuses comme celles représentées en haut sur la figure 6.20. Des clusters partagés par les individus se forment, mais ne sont pas très visibles sur la représentation des vecteurs préférés car d'une part la plupart des vecteurs préférés d'un même cluster sont représentés par le même point (ils ont des valeurs quasi identiques) et d'autre part il reste ici et là des neurones isolés qui sont représentés eux aussi par un point. C'est la représentation du dessous (avec les flèches) qui va nous permettre de percevoir la distribution des vecteurs préférés comme nous allons l'expliquer dans les paragraphes suivants.

Nous allons maintenant évaluer la manière dont ces deux individus « sentent » les sons au départ de la simulation et à la fin de la simulation. Pour cela, nous donnons chaque fois en entrée un ensemble de stimuli, qui sont ici non pas des trajectoires comme dans la partie précédente, mais des points (l'équivalent des moyennes générées par le filtre temporel de la partie précédente).

Ces stimuli sont répartis régulièrement sur tout l'espace, selon une grille régulière. Pour chacun de ces stimuli, l'activation de toutes les unités nerveuses est calculée, puis à partir d'elles le vecteur population est à son tour calculé, qui redonne un point dans l'espace des relations entre organes, résultat du décodage. Il est possible de représenter l'ensemble de ces stimuli et de leur décodage à partir des activations des unités nerveuses par des flèches : le début de chaque flèche correspond à un stimulus et son extrémité finale (là où il y a le triangle) au point décodé par le vecteur population, que l'on peut utiliser pour modéliser la « sensation » d'un son qu'a un individu. La figure 6.19 représente ainsi la manière dont les individus « sentent » les sons au début de la simulation. Elle illustre le fait que les points décodés correspondent assez bien aux stimuli (malgré quelques minuscules imprécisions). La figure 6.20 représente la manière de sentir les sons de ces deux mêmes individus 2 000 vocalisations plus tard (sur les carrés du bas). Cette fois-ci le décodage n'est plus du tout précis et donc la déformation perceptuelle est grande : la sensation qu'ont des sons les individus est sensiblement différente des propriétés physiques objectives des stimuli, et ce de manière asymétrique dans l'espace des sons. Au contraire, les stimuli sont « rapprochés » après décodage des clusters dont ils sont le plus proche. Or, justement, cela correspond exactement à l'effet d'aimant perceptif. En effet, les centres des clusters correspondent aux prototypes de leurs systèmes de sons, et donc les individus ont le même comportement que les sujets de l'étude de Kuhl et ses collègues (Kuhl *et al.*, 1992).

En outre, si on regarde la figure 6.20 comme une surface vue de dessus, et dont les pentes sont représentées par les flèches (le bout de la flèche indique le sens de la descente), alors on s'aperçoit qu'un paysage composé de vallées apparaît. Si on lâche une bille dans une de ces vallées, elle va alors tomber au fond et s'arrêter dans la même position, quelle que soit la position initiale de cette bille dans la vallée. Si on la lâche dans une vallée différente, alors elle va aussi tomber, mais s'arrêter dans un autre fond. Cette manière de voir la figure 6.20 nous mène en fait à la base d'une extension du système qui va lui permettre de catégoriser les sons, au sens énoncé plus haut.

En effet, comme le point décodé par le vecteur population est de même nature que le point d'entrée, on peut très bien renvoyer ce vecteur en entrée de la carte nerveuse, comme un stimulus, mais généré par l'individu lui-même. Cette idée se rapproche des systèmes de réentrance décrit par Edelman dans sa théorie du fonctionnement

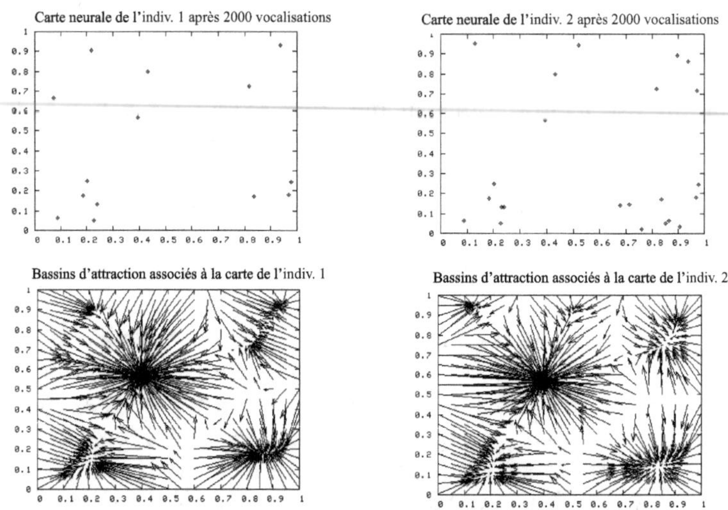


**Figure 6.20.** Exemple de l'état des cartes nerveuses de deux individus après 2 000 vocalisations. Les carrés du haut représentent directement les vecteurs préférés. La figure du bas représente la déformation perceptuelle des individus, qu'on utilise pour modéliser la manière dont les individus « sentent » les sons à ce moment. Il apparaît une organisation de l'espace en zones dans lesquelles les stimuli sont perçus plus proches du centre de ces zones qu'ils ne le sont objectivement. Ces zones sont partagées par les deux individus. Elles correspondent aux bassins d'attraction définis par le comportement de catégorisation une fois qu'on a introduit une boucle de rétroaction codage/décodage dans le réseau.

du cerveau humain (Edelman, 1993). En effet, il décrit le cerveau humain non pas comme un dispositif dans lequel les informations vont de manière monodirectionnelle des senseurs jusqu'aux centres de contrôle, mais plutôt comme un système dans lequel le système de contrôle envoie lui-même aussi beaucoup d'informations vers les senseurs, créant des boucles de rétroaction. Dans notre système, une fois que nous avons renvoyé le point décodé en entrée, celui-ci réactive toutes les unités nerveuses et un nouveau décodage est effectué. Ensuite, on itère ce processus.

La figure 6.21 schématise ce système. Géométriquement, la suite des positions de ces points successifs suit exactement la trajectoire de la balle qui tombe dans la vallée : au bout d'un moment, après quelques itérations, le point décodé est égal au point donné en entrée de la carte nerveuse. Ainsi, les activations des unités nerveuses restent les mêmes à chaque itération une fois ce point fixe

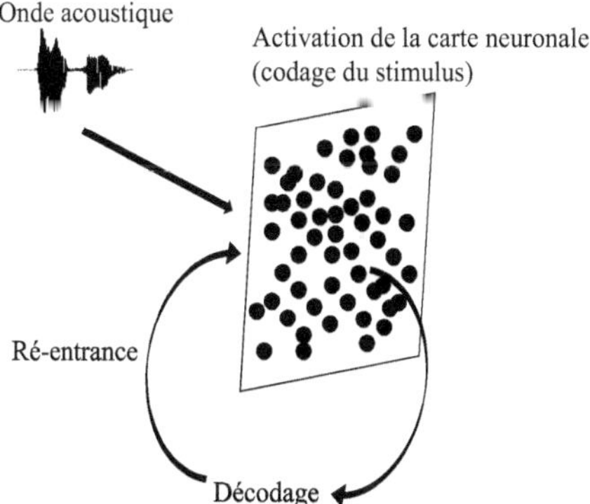


**Figure 6.21.** Le mécanisme de catégorisation. Après qu'un stimulus a activé la carte neuronale, le mécanisme de « vecteur population » est utilisé pour reconstruire ce stimulus, et ce décodage perceptuel est renvoyé en entrée comme un stimulus généré en interne, qui réactive les neurones, ce qui produit un nouveau décodage, etc. Cette boucle récurrente se stabilise au bout d'un moment et correspond à un comportement de catégorisation.

atteint. Le système tombe alors dans un état stable, correspondant à une catégorisation du stimulus initialement donné en entrée. Pour suivre la trajectoire de ces points successifs, il suffit de partir du point stimulus et de suivre les flèches par exemple de la figure 6.20. Évidemment, chaque carte nerveuse définit un paysage de flèches, et donc de vallées et de fonds de vallées (dans le langage des systèmes dynamiques, on dit des bassins d'attraction et des attracteurs) qui lui sont particuliers. Quand les vecteurs préférés sont distribués uniformément dans tout l'espace, apparaissent un certain nombre de vallées dont l'emplacement et les formes sont différents chaque fois. La figure 6.19 en donne des exemples. Quand il y a des clusters qui apparaissent, ceux qui sont de taille suffisante définissent chacun une vallée et un attracteur. La figure 6.22 en donne des exemples. Grâce à la propriété de lissage due à la fonction gaussienne d'activation des unités nerveuses, le fait d'avoir des unités nerveuses dont les vecteurs préférés n'appartiennent pas à des clusters (cela résulte de la stochasticité du mécanisme), et qui introduisent donc une forme de « bruit » dans le paysage des unités nerveuses, ne modifie pas le paysage global des vallées d'un ensemble de clusters. Ainsi par exemple, les individus de la figure 6.20 n'ont pas exactement les mêmes cartes nerveuses, mais partagent le même paysage de vallées, car ils ont les mêmes clusters. Ils catégorisent ainsi les sons de la même manière. Ils sont donc maintenant capables eux-mêmes de mesurer la digitalité de leur système de parole. Chacun dispose d'une manière d'évaluer quand deux sons sont différents et quand deux sons sont les mêmes. Ils sont capables maintenant de segmenter la trajectoire continue d'une vocalisation en segments dont chacune des petites parties, résultat du filtre temporel, est un signal perceptuel qu'ils catégorisent de la même manière.

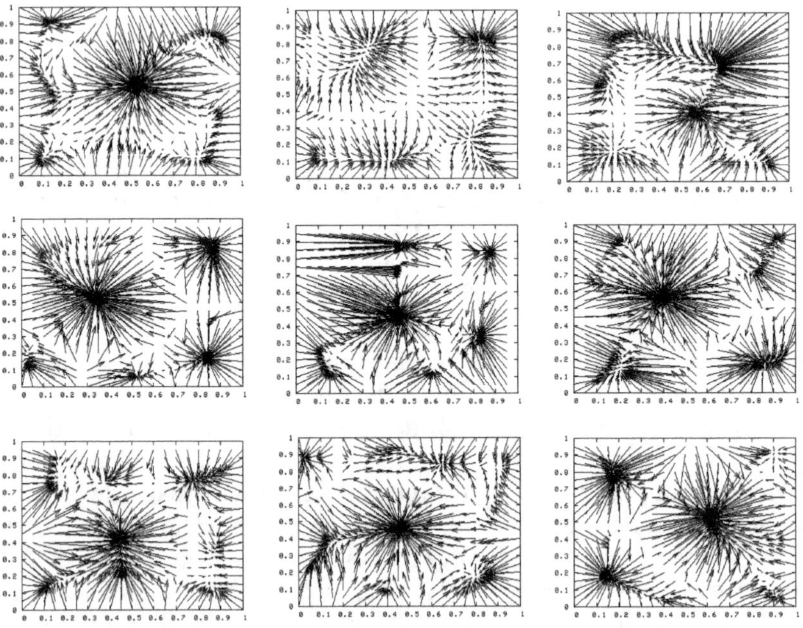

**Figure 6.22.** Exemples de systèmes de bassins d'attraction que l'on peut obtenir. On voit que leur nombre ainsi que leurs formes et leurs emplacements sont variés.

# CHAPITRE 7

# Apprentissage des correspondances perceptuo-motrices

Dans le chapitre précédent, nous supposions que les individus connaissaient les correspondances entre l'espace des représentations perceptuelles et celui des représentations gestuelles et musculaires. Cela a permis de présenter un mécanisme simple qui rendait compte de la dynamique d'auto-organisation qui forme un code de la parole digital, combinatorial et partagé dans un groupe d'individus. Nous avons cependant suggéré auparavant que les composants de l'architecture de chaque individu seraient génériques et non spécifiques à la parole. Il nous reste donc à montrer comment la capacité de passer d'un espace à l'autre peut être réalisée par des structures nerveuses qui ne sont ni précâblées ni spécifiques à la parole, et au cours d'un processus d'apprentissage générique et commun avec celui opérant pour d'autres modalités. Les mécanismes d'apprentissage que nous allons mettre en œuvre sont des modèles relativement courants, basés sur le renforcement « hebbien » des connexions entre neurones, et ont déjà été utilisés tant pour l'apprentissage de correspondance main-œil, mouvement des jambes-déplacement, que pour l'acquisition des relations entre les mouvements du conduit vocal et les sons qui sont produits. Cependant, nous allons ici les utiliser dans un contexte original : plutôt que de faire apprendre à un individu les correspondances perceptuo-motrices caractérisant un système de vocalisations déjà existant, le système d'apprentissage va être influencé par les babillages des autres individus, qui n'ont au départ aucun répertoire structuré de vocalisation. Et pourtant, un système de parole, partagé et combinatorial, va là encore se former spontanément.

Pour cela, nous allons modifier les présuppositions de la partie précédente. Alors que nous supposions que les individus étaient capables, étant donné un stimulus sonore, de retrouver la configuration articulatoire qui lui correspond, nous ne le ferons plus ici. Nous avons expliqué aussi qu'il y avait deux correspondances à apprendre : celle qui va de l'espace perceptuel à l'espace des relations entre organes, et celle qui va de l'espace des relations entre organes à l'espace des activations musculaires. Par souci de simplicité, et parce que nous ne disposons pas de modèle efficace et précis du système physiologique qui fait correspondre des relations entre organes à des activations musculaires, nous nous concentrerons sur l'apprentissage de la fonction qui fait correspondre des sons à des relations entre organes.

Nous allons donc devoir travailler maintenant avec deux représentations, la représentation perceptuelle et la représentation des relations entre organes. Les individus ont non plus une, mais deux cartes nerveuses, chacune codant pour un espace, comme le montre la figure 7.1. La carte perceptuelle se compose de neurones aux propriétés identiques à ceux de la partie précédente, mais ceux-ci reçoivent en entrée des mesures faites par un modèle de l'oreille. La carte motrice se compose de neurones qui prennent en entrée des mesures de l'activation des neurones de la carte perceptuelle. En plus, ces neurones ont des connexions de sortie destinées à

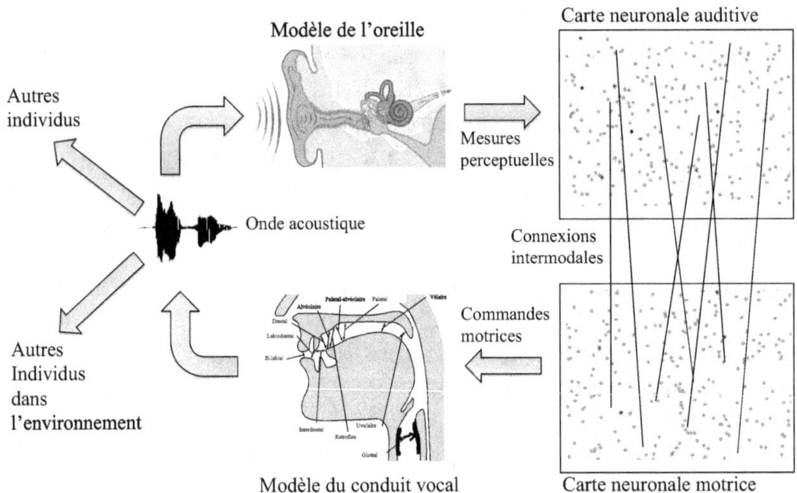


**Figure 7.1.** Architecture des individus. Ils disposent maintenant de deux réseaux de neurones : un réseau perceptuel connecté en entrée à un modèle de la cochlée, et un réseau moteur connecté en sortie à un modèle du conduit vocal. Ces deux réseaux de neurones sont interconnectés par des connexions aléatoires mais plastiques qui vont permettre à l'individu d'apprendre à passer d'une représentation à l'autre.

envoyer des commandes au système de contrôle du conduit vocal. Ils ont des vecteurs préférés correspondant à ces signaux de sortie : leur valeur représente la relation entre organes à atteindre lorsqu'ils sont activés en même temps qu'un signal « GO » est envoyé.

Les connexions entre les deux cartes sont totales et réalisées par les connexions d'entrée des neurones moteurs, qui mesurent les activités des neurones perceptuels. Chaque connexion est caractérisée par un poids, qui a initialement une valeur aléatoire et proche de zéro. Les vecteurs préférés des neurones perceptuels, qui représentent la mesure qui active maximalement chaque neurone, sont aussi aléatoires initialement, suivant une distribution uniforme. Les vecteurs préférés des neurones moteurs, qui représentent la relation entre organes à atteindre lorsqu'ils sont activés, sont aussi aléatoires initialement, avec une distribution uniforme.

Pour produire une vocalisation, le mécanisme reste le même que dans la partie précédente : des neurones de la carte motrice sont activés séquentiellement et aléatoirement. L'activation d'un neurone moteur fixe un objectif articulatoire, défini par une relation entre organes à atteindre. Ensuite, un système de contrôle s'occupe de réaliser cette trajectoire continue dans l'espace des relations entre organes (avec une interpolation polynomiale). Par contre, un modèle opérationnel du conduit vocal est ici utilisé, faisant correspondre une représentation acoustique à chaque configuration du conduit vocal. Cette représentation acoustique sera ici celle des formants, comme nous le détaillerons plus bas. Les individus s'échangent donc dans cette partie des trajectoires acoustiques, et non plus directement des trajectoires dans l'espace des relations entre organes, comme dans la partie précédente.

La perception d'un son reste aussi similaire à celle de la partie précédente en termes d'algorithme. La trajectoire acoustique perçue est transformée en trajectoire perceptuelle par un modèle de la cochlée. Cette trajectoire perceptuelle sera ici composée de deux dimensions : le premier formant et le second formant effectif, comme nous l'expliquerons plus bas. Cette trajectoire perceptuelle est alors passée au filtre temporel, qui la découpe en petits segments, correspondant à la résolution temporelle de la cochlée. Chaque petit segment est moyenné, ce qui donne un point qui sert de stimulus au système nerveux de l'individu.

Ce stimulus active d'abord les neurones perceptuels. Leur vecteur préféré est alors modifié de la même manière que dans la partie précédente : ils sont modifiés de telle manière qu'ils soient activés un petit peu plus si le même stimulus est présenté une nouvelle fois juste après, et ce changement est plus grand pour les neurones plus activés[1].

Ensuite, l'activation des neurones perceptuels est propagée aux neurones moteurs par les connexions d'entrée de ces derniers. Deux cas se présentent alors. Premier cas : les neurones moteurs sont déjà activés, parce que la vocalisation a été produite par le babillage individu lui-même, et alors les poids des connexions sont renforcés pour celles qui connectent des neurones dont les activités sont corrélées, et affaiblis pour celles qui connectent des neurones dont les activités sont décorrélées (c'est de l'apprentissage hebbien)[2]. Deuxième cas : si les neurones de la carte motrice ne sont pas déjà activés, alors c'est l'activation des neurones de la carte perceptuelle (par perception d'une vocalisation d'un autre individu) qui se propage et les active, au travers des connexions entre les deux cartes. Les connexions avec des poids faibles propagent peu l'activation alors que celles avec des poids forts la propagent beaucoup[3].

Une fois les neurones moteurs activés, alors leurs vecteurs préférés sont modifiés. Pour cela, le neurone le plus activé est sélectionné, et son vecteur préféré est pris comme référence : les autres vecteurs préférés sont modifiés de telle manière qu'ils soient plus proches de la référence, et le changement est plus important pour les neurones les plus activés que pour les neurones les moins activés. La formule reste la même que pour les vecteurs préférés des

---

1. La formule mathématique de la nouvelle fonction d'activation est :

$$tune_{i,\,t+1}(s) = \frac{1}{\sqrt{2\pi\sigma}} \cdot e^{-\frac{1}{2}\| v_{i,t+1} - s \|^2/\sigma^2}$$

$$v_{i,\,t+1} = v_{i,\,t} + 0{,}001 \,.\, tune_{i,\,t}(s).(s - v_{i,\,t})$$

où $s$ est le stimulus, et $v_{i,\,t+1}$ le vecteur préféré de $n_i$ après son activation par $s$.

2. Si $i$ est un neurone de la carte perceptuelle et $j$ un neurone de la carte motrice, alors le poids $w_{i,j}$ de la connexion qui les relie change selon la formule :

$$\delta_{w_{i,j}} = c_2 \,.\, (tune_i - < tune_i >)(tune_j - < tune_j >)$$

où $<tune_i>$ est l'activation moyenne de $i$ sur un intervalle de temps $T$, et $c_2$ une constante de valeur petite (ici 0,01).

3. L'activation des neurones moteurs est calculée par la formule :

$$tune_{j,\,t}(s) = \frac{1}{\sqrt{2\pi\sigma}} * e^{-\frac{1}{2}(w_j \cdot s)^2/\sigma^2}$$

où $s$ est le vecteur d'activité des neurones de la carte perceptuelle et $w_j$ le vecteur des poids des connexions d'entrée du neurone $j$ de la carte motrice.

neurones perceptuels, en prenant la référence comme l'équivalent du stimulus perceptuel.

Quand toutes les activités ont été propagées et les vecteurs préférés ainsi que les poids modifiés, alors commence le processus de relaxation de chacune des cartes nerveuses afin de permettre aux individus de catégoriser les vocalisations qu'ils perçoivent. Ce processus est le même que celui de la partie précédente, appliqué en parallèle aux deux cartes. À partir d'un pattern d'activation de tous les neurones d'une carte, le vecteur de population est calculé, puis il est renvoyé en entrée, ce qui produit un nouveau pattern d'activation. Ce processus est répété jusqu'à ce que le pattern d'activation soit stabilisé.

Dans cette nouvelle architecture, le point crucial du couplage entre la production et la perception est conservé : la distribution des vecteurs préférés des neurones perceptuels évolue en correspondance avec la distribution des vecteurs préférés des neurones moteurs. Ainsi, après un aprentissage, si on produit tous les sons associés aux configurations articulatoires codées par les vecteurs préférés des neurones moteurs et qu'on transforme ces sons par le biais du modèle de l'oreille en représentation perceptuelle, alors la distribution de points obtenue est à peu près la même que la distribution des vecteurs préférés de la carte perceptuelle. Initialement, comme dans le chapitre précédent, les vecteurs préférés sont tous aléatoires avec une distribution uniforme. Cela veut dire que les vocalisations qu'ils produisent sont spécifiées par des objectifs articulatoires répartis uniformément dans tout l'espace continu des objectifs possibles. L'espace n'est donc pas discrétisé, il n'y a pas de codage phonémique. De plus, la situation initiale est un état d'équilibre puisque tous les individus produisent des sons composés d'objectifs suivant la même distribution, et s'adaptent de manière à approximer la distribution des sons qu'ils entendent. Cependant, nous verrons que, là encore, les fluctuations aléatoires vont briser cette symétrie et pousser les individus en dehors de cet équilibre, vers un autre état organisé.

L'utilisation de deux cartes neuronales ne sert pas seulement à illustrer comment la fonction articulatoire peut être apprise, mais aussi et surtout à prendre en compte de manière plus réaliste que dans le chapitre précédent les contraintes dues aux non-linéarités de cette fonction articulatoire. En effet, dans la partie précédente, nous n'utilisions un synthétiseur articulatoire que pour la génération de la distribution initiale des vecteurs préférés. Ici, nous allons utiliser un synthétiseur articulatoire pendant toute la simulation, et le biais sera directement appliqué par le synthétiseur sur les cartes neuronales. En effet, rappelons d'abord qu'il y a des configurations articulatoires pour lesquelles de petits changements provoquent de petits changements dans le son produit, alors qu'il y a des configurations articulatoires pour lesquelles des petits changements provoquent de grands changements acoustiques. Alors que les neurones dans la carte motrice ont des vecteurs préférés aléatoires avec une distribution uniforme, cette distribution va vite être biaisée : la conséquence des non-linéarités fera que l'adaptation des neurones se fera de manière inhomogène. Pour certains stimuli, beaucoup de neurones auront leurs vecteurs préférés modifiés substantiellement, alors que pour d'autres stimuli, seuls quelques neurones auront leurs vecteurs préférés modifiés substantiellement. Cela conduit rapidement à des non-uniformités dans la distribution des vecteurs préférés des neurones moteurs, avec plus de neurones dans les parties où de petits changements provoquent de petits changements acoustiques que dans les parties où de petits changements articulatoires provoquent de grands changements acoustiques. En conséquence, la distribution des objectifs articulatoires des vocalisations devient elle aussi biaisée, et l'apprentissage des neurones de la carte perceptuelle fait que les vecteurs préférés de ces neurones sont eux aussi biaisés.

## *Synthétiseur articulatoire*

Nous utilisons dans cette partie un modèle réaliste d'une partie de la fonction qui fait correspondre des sons à des relations entre organes, et de la fonction qui fait correspondre des percepts à des sons. Ce modèle correspond au sous-système du conduit vocal humain qui nous permet de produire des voyelles. Il a été développé par de Boer (de Boer, 2001) et sur la base des travaux de Boë, Vallée et leurs collègues (Boë *et al.*, 1995 ; Vallée, 1994).

Le modèle utilise un espace articulatoire à trois dimensions, chacune représentant une relation entre organes : la position de la langue (lieu d'articulation), la hauteur de la langue (manière) et la rondeur des lèvres. Les positions sont à valeur entre 0 et 1. À partir de chaque point dans cet espace, les quatre premiers formants correspondant au son voyelle produit sont calculés : ce sont les fréquences des pics dans le spectre de puissance (ou les pôles de la fonction « conduit vocal » dans cette configuration). Ce calcul a été modélisé par une fonction polynomiale, générée par interpolation entre des points d'une base de données (Vallée, 1994) qui représentent des voyelles avec leurs configurations articulatoires et les formants associés (de Boer, 2001).

Ensuite, nous utilisons un modèle de la cochlée qui résume les informations que celle-ci envoie au cerveau quand elle entend des voyelles. Ce modèle, utilisé par Boë et ses collègues et par de Boer (Boë *et al.*, 1995 ; de Boer, 2001), calcule une représentation à deux dimensions à partir des quatre premiers formants. La première dimension correspond au premier formant, et la seconde dimension à ce qu'on appelle le second formant effectif, et qui est une combinaison non linéaire des formants $F_2$, $F_3$ et $F_4$ (de Boer, 2001)[1].

## Dynamique

Les simulations que nous décrivons dans cette partie ont la même structure que celles de la partie précédente : une dizaine d'individus se déplacent aléatoirement dans un espace virtuel et, de temps en temps, ils produisent une vocalisation, qui est entendue par eux-mêmes ainsi que par l'individu le plus proche[2].

Pour visualiser l'état de leurs systèmes nerveux, on peut utiliser la représentation de leurs cartes perceptuelles. En effet, elles sont de dimension deux (premier formant et second formant effectif) et contiennent la même information que les cartes motrices en ce qui concerne les distributions. Nous représentons les cartes perceptuelles de deux manières : en montrant tous les vecteurs préférés et en montrant le paysage dynamique de catégorisation lié au codage-décodage par le vecteur population.

La figure 7.2 montre les cartes perceptuelles de deux individus après 200 interactions. Cela permet de visualiser le biais dû au synthétiseur articulatoire. L'unité de mesure est le bark : l'axe des abscisses représente le premier formant, et l'axe des ordonnées le second formant effectif. La distribution des vecteurs préférés n'est plus uniforme. Elle est contenue dans un triangle

---

1. Les formants sont aussi exprimés en barks, qui sont approximativement une transformée logarithmique des mesures en Hertz. Ce modèle prend en compte le fait que l'oreille humaine n'est pas capable de distinguer les pics fréquentiels à bande étroite dans les hautes fréquences (Carlson *et al.*, 1970).

2. Dans ces simulations, chacune des cartes nerveuses comporte 500 neurones, et $\sigma = 0{,}15$ (c'est la largeur de la gaussienne qui définit leur fonction d'activation, et dont la largeur représente 15 % de l'étendue de chaque dimension).

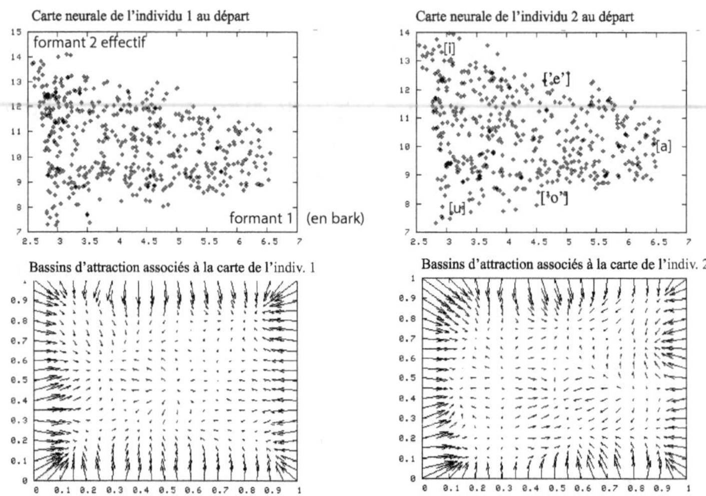


**Figure 7.2.** Les cartes nerveuses perceptuelles de deux individus 200 vocalisations après le départ. Sur les carrés du haut, les vecteurs préférés sont représentés, et sur les carrés du bas, ce sont les bassins d'attraction qu'ils définissent. Les contraintes dues à l'utilisation d'un synthétiseur articulatoire biaisent très vite la distribution initiale de vecteurs préférés : ils sont répartis de manière non uniforme dans un triangle (le triangle vocalique).

(le triangle vocalique), qui est lui-même couvert de manière non homogène. Alors que la situation initiale était un équilibre dû au fait que tous les individus avaient une distribution uniforme de vecteurs préférés, ce biais s'ajoute aux fluctuations naturelles du système pour créer des non-uniformités qui sont amplifiées par une boucle de rétroaction positive. Les individus, comme dans le chapitre précédent, se cristallisent alors dans une nouvelle situation dans laquelle les vecteurs préférés de leurs neurones sont groupés en clusters, qui définissent des catégories phonémiques. La figure 7.3 montre les deux individus de la figure précédente 2 000 vocalisations plus tard. La figure 7.7 montre l'évolution de la similarité moyenne entre les distributions de vecteurs préférés des dix individus pris deux à deux. Celle-ci est à peu près constante, ce qui montre qu'ils ont tous la même distribution de vecteurs préférés au cours de la simulation, et en particulier les mêmes clusters au bout de 2 000 interactions. Le fait que les distributions se synchronisent indique également qu'ils ont appris à maîtriser la fonction articulatoire.

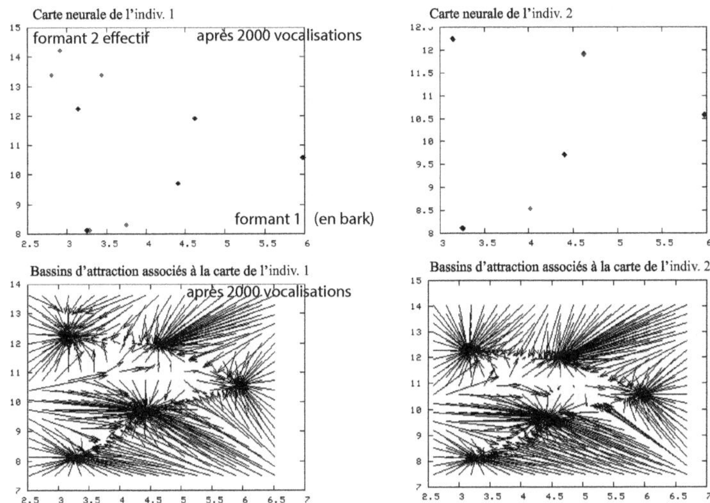


**Figure 7.3.** Les cartes nerveuses des deux individus de la figure précédente 2 000 vocalisations plus tard. Des clusters partagés se sont formés chez les deux individus, ce qui définit un système de catégorisation particulier partagé par les deux individus. Le système représenté sur cette figure est le système obtenu le plus fréquemment dans les simulations. C'est aussi le plus fréquent dans les langues du monde. C'est le système /i, u, e, o, a/.

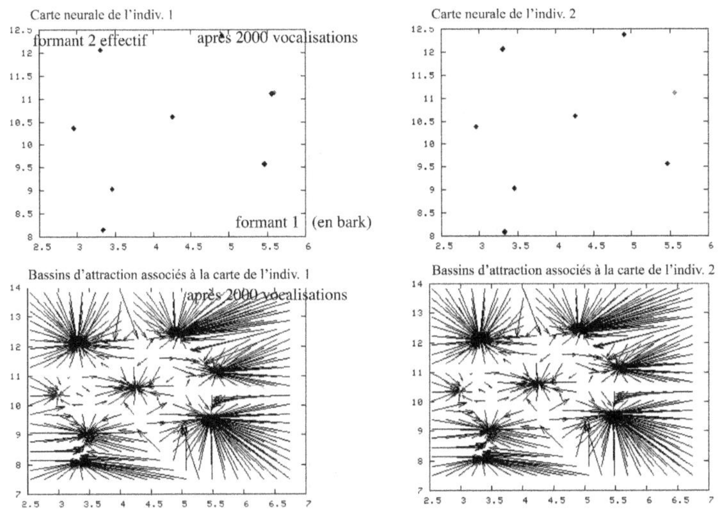


**Figure 7.4.** Un autre exemple de système que l'on peut obtenir. C'est un système à 8 voyelles.

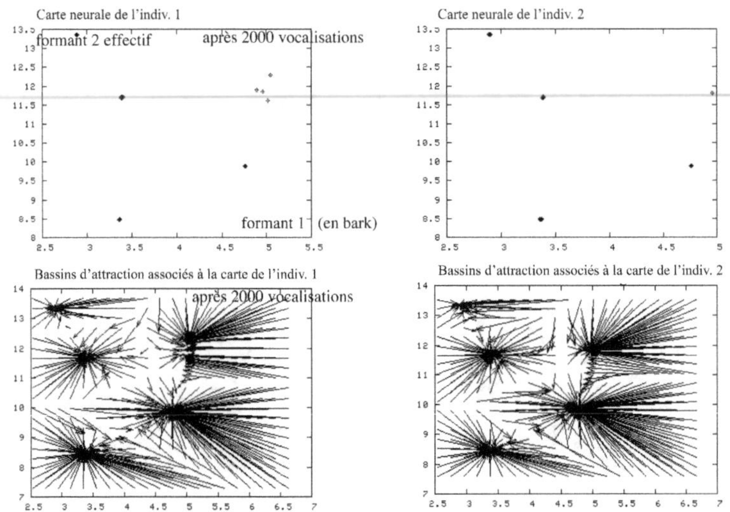

**Figure 7.5.** Un autre exemple de système.

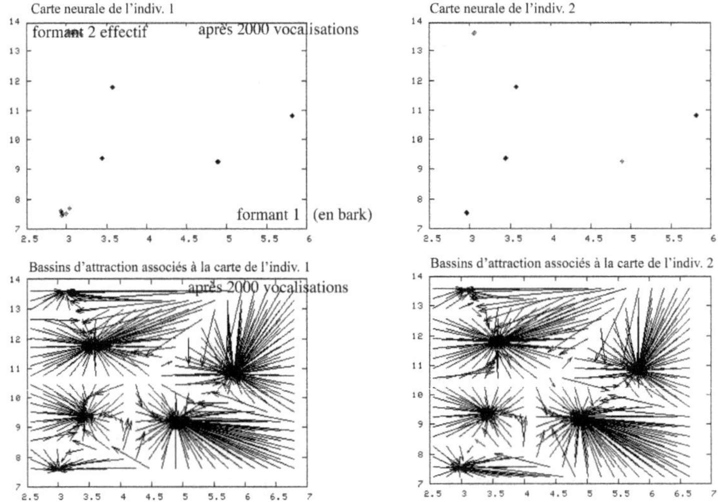

**Figure 7.6.** Un autre exemple de système.

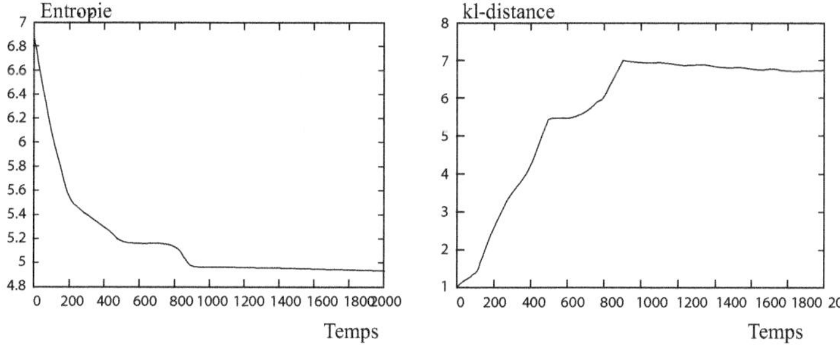


**Figure 7.7.** Évolution de l'entropie moyenne des distributions de vecteurs préférés des individus d'une simulation, et évolution de la distance moyenne entre les distributions des individus prises deux à deux. La courbe d'entropie montre le phénomène de formation de clusters. La courbe de kl-distance montre que ces clusters sont les mêmes chez tous les individus (elle monte un tout petit peu, mais cette variation est négligeable, sachant que la distance entre deux distributions aléatoires de cinq clusters est de l'ordre de $10^5$).

De même que dans la partie précédente, chaque simulation produit un système de catégories phonémiques (ici des voyelles) unique. Les figures 7.4, 7.5 et 7.6 donnent d'autres exemples détaillés des cartes que l'on peut obtenir dans les simulations. La figure 7.8 donne d'autres exemples de configurations des bassins d'attraction des cartes acoustiques obtenues dans des sociétés d'individus différentes. Or nous avons expliqué aussi comment, en même temps que cette diversité existe, des régularités statistiques caractérisant les répertoires de phonèmes pouvaient apparaître. Comme, d'une part, nous utilisons un synthétiseur articulatoire de voyelles qui modélise celui des humains et que, d'autre part, il existe des bases de données précises concernant les régularités statistiques qui caractérisent les répertoires de voyelles des langues humaines, nous avons donc procédé à une comparaison entre les systèmes de voyelles générés par notre système artificiel et ceux des humains.

Pour cette comparaison, la base de données de langues humaines appelée UPSID (UCLA Phonological Segment Inventory Database), élaborée par Maddieson (Maddieson, 1984), a été utilisée. Elle contient 317 systèmes de voyelles, appartenant à 20 familles de langues différentes, choisies pour leur représentativité en termes de géographie et de génétique des populations (voir figure 7.9). Chaque système de voyelles consiste en une liste de segments vocaliques dits « représentatifs ». En effet, dans une même

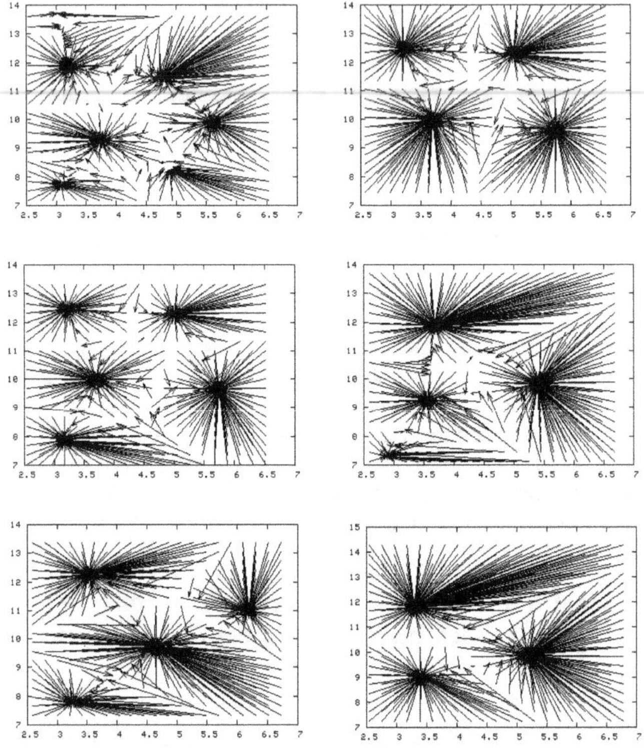

**Figure 7.8.** D'autres exemples de systèmes de voyelles que l'on peut obtenir. Le nombre ainsi que les formes des bassins d'attraction sont variés, bien que les paramètres de simulation utilisés soient les mêmes.

langue, et aussi chez une même personne, une voyelle peut être prononcée différemment selon les phonèmes qui la précèdent et qui la suivent ou selon le rythme d'élocution (ce sont les phénomènes de coarticulation). L'ensemble des prononciations d'un même phonème s'appelle l'ensemble des allophones de ce phonème. Pour représenter un phonème par un seul point dans UPSID, l'allophone le plus fréquent a été choisi. En outre, les segments de cette base de données ne sont pas directement utilisés : les régularités sont identifiées par rapport aux regroupements qui ont été faits par Schwartz, Boë, Vallée et Abry (Schwartz *et al.*, 1997b). En effet, il n'existe pas deux langues qui ont exactement les mêmes prototypes de voyelles (deux langues peuvent avoir par exemple une manière de prononcer le [e] de manière légèrement différente). La

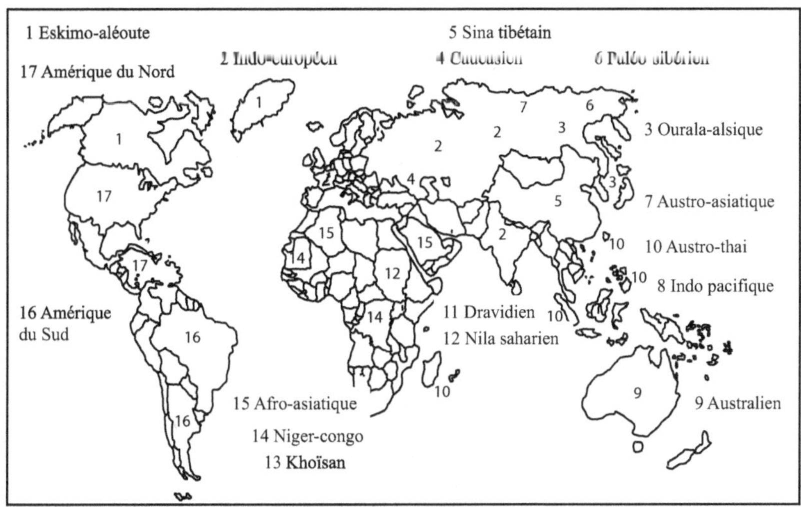


**Figure 7.9.** La base de données UPSID contient 317 systèmes de voyelles appartenant à 20 familles de langues différentes. (Adapté d'Escudier et Schwartz, 2000.)

méthode qui a été employée, et qui s'est révélée efficace pour mettre en évidence les régularités, ressemble à celle de Crothers (Crothers, 1978). Elle consiste à regrouper les systèmes de voyelles selon la position relative des voyelles les unes par rapport aux autres plutôt que par rapport à leur position absolue. Aussi, les voyelles sont représentées dans l'espace acoustique ($F_1$, $F'_2$), comme la manière dont elles sont représentées dans les cartes perceptuelles de nos simulations. La figure 7.10 montre l'ensemble des patterns possibles utilisés dans cette classification : les points sur le triangle vocalique représentent des emplacements possibles de phonèmes. Il y a 12 emplacements possibles, ce qui fait plus de 4 millions de systèmes de voyelles de moins de 8 voyelles. Comme nous nous intéressons aux positions relatives des phonèmes, il est possible de s'autoriser des petites translations, rotations et changements d'échelle dans le processus de reconnaissance. Une autre abstraction à partir de la base UPSID que nous utiliserons comme base de comparaison est le nombre de systèmes ayant 2 voyelles, 3 voyelles, 4 voyelles, etc. Cette mesure est quant à elle beaucoup plus directe que celle des structures des systèmes de voyelles.

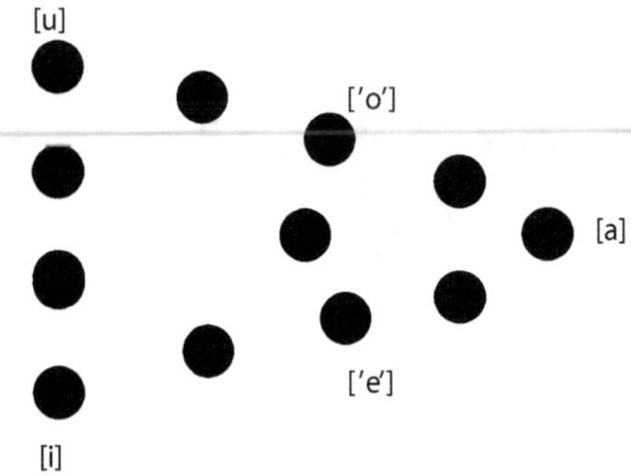


**Figure 7.10.** Les patterns auxquels nous avons identifié chaque système généré sont des combinaisons des emplacements montrés sur cette figure. Il y a 12 emplacements, ce qui fait un nombre de systèmes avec moins de 8 voyelles qui dépasse les 4 millions. À noter qu'ici nous utilisons la même notation que Schwartz, Boë, Vallée et Abry (Schwartz *et al.*, 1997), avec l'axe des abscisses correspondant au premier formant et l'axe des ordonnées au second formant effectif, mais avec les valeurs élevées en bas et les valeurs faibles en haut (l'axe change de direction par rapport aux figures présentées plus haut).

Dans ce cadre, 500 simulations ont été réalisées, toutes avec les mêmes paramètres. Chaque fois, le nombre de voyelles du répertoire ainsi que la position relative des voyelles ont été mesurés. Cette dernière mesure a été effectuée à la main, ce qui semble le plus précis, et est une méthode utilisée également par de Boer (de Boer, 2001) pour comparer les systèmes de voyelles générés par son modèle et ceux des langues humaines. Ici, pour déterminer le nombre et l'emplacement des voyelles, la représentation du paysage d'attracteurs est utilisée. Elle modélise le comportement de catégorisation des individus. Cela est plus efficace que d'observer la distribution des vecteurs préférés des cartes perceptuelles car les clusters sont parfois bruités par de rares neurones qui ont des vecteurs préférés avec des valeurs éloignées de ces clusters. De plus, la représentation de la catégorisation donne directement un prototype pour chaque catégorie, qui correspond au point attracteur du cycle codage-décodage par le vecteur population.

Les résultats sont représentés sur les figures 7.11 et 7.12. La figure 7.11 montre que la distribution des tailles des systèmes de voyelles entre les langues humaines et ceux des sociétés d'indi-

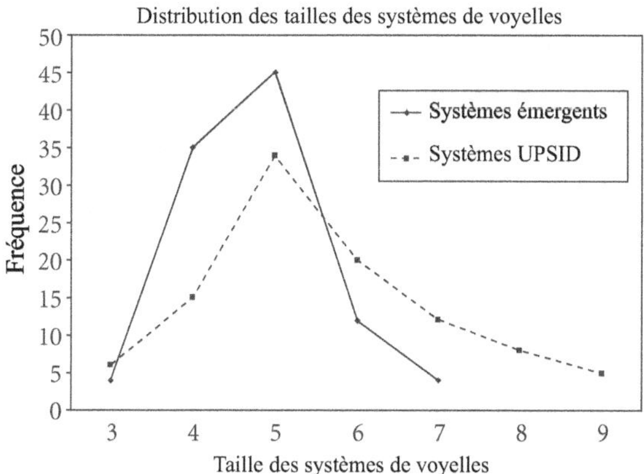


**Figure 7.11.** Distribution des tailles des systèmes de voyelles obtenus dans les simulations et dans les langues de la base de données UPSID.

vidus sont très similaires. En particulier, elles sont caractérisées par un maximum à 5 voyelles. La figure 7.12 montre la distribution des structures des systèmes de voyelles dans les langues humaines et dans les systèmes générés par les individus. Ici sont représentés seulement les deux systèmes les plus fréquents pour chaque cas, et ce jusqu'à 8 voyelles. Malgré l'espace très grand des systèmes possibles, les deux systèmes les plus fréquents sont les mêmes pour $n$ = 3, 6, et les deux systèmes les plus fréquents chez les humains sont dans les trois plus fréquents dans les systèmes artificiels pour $n$ = 4, 5, 7. Si l'on regarde les pourcentages, il y a également une certaine correspondance. La prédiction du système de voyelles le plus fréquent /i, u, e, o, a/ est de 25 % contre 28 % dans UPSID. D'autre part, les systèmes humains représentés sur la figure correspondent à 59,5 % des systèmes d'UPSID, et ceux qui sont artificiels correspondent à 75,6 % des systèmes artificiels générés. Cela montre que le rapport entre systèmes fréquents et systèmes plus originaux est à peu près respecté. Cela illustre en même temps la diversité des systèmes générés. Au contraire, les prédictions des simulations deviennent mauvaises pour les systèmes de plus de 7 voyelles, parce qu'elles n'en produisent pas du tout, alors qu'ils existent chez les humains (mais sont certes aussi moins fréquents).

Étant donné le nombre gigantesque de systèmes de voyelles possibles, les similarités entre les systèmes humains et artificiels

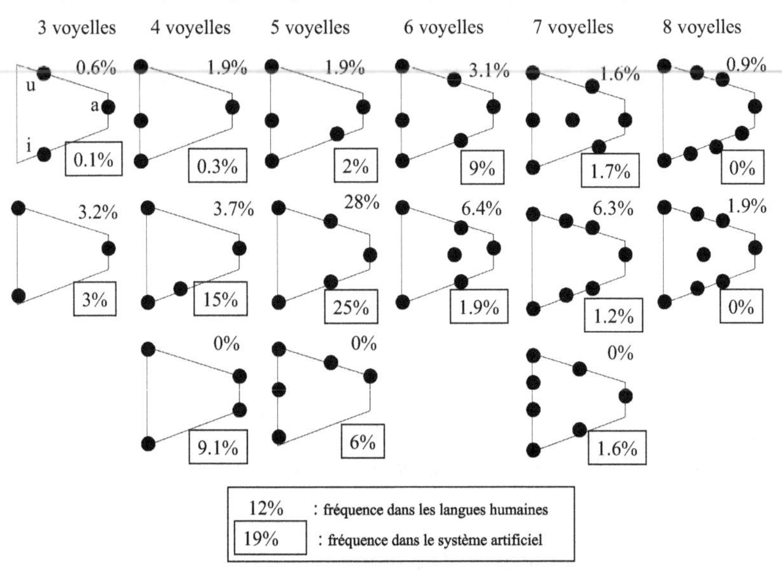


**Figure 7.12.** Distribution des répertoires de voyelles obtenus dans les simulations et dans les langues de la base de données UPSID. La même notation qu'à la figure 7.10 est utilisée.

sont fortes. En outre, la diversité des systèmes est obtenue sans faire varier les paramètres entre les simulations.

Les différences entre les prédictions et les systèmes humains doivent aussi être interprétées à la lumière de la formation des systèmes d'UPSID d'une part, et des systèmes artificiels d'autre part. En effet, nous avons expliqué dans les chapitres précédents que notre simulation traitait de la formation d'un code de la parole avant que celui-ci ne soit recruté pour communiquer. En effet, les systèmes générés sont des systèmes prélinguistiques qui n'ont pas encore suivi d'évolution culturelle sous une pression fonctionnelle de communication linguistique. Au contraire, les systèmes d'UPSID sont des systèmes de voyelles de langues contemporaines. Ce sont des systèmes de voyelles qui ont évolué sous une pression fonctionnelle pour communiquer efficacement à propos d'un ensemble grand et ouvert de référents, et cette évolution a déjà été très longue. Pour résumer, les simulations que nous venons de décrire reposent sur des mécanismes modélisant des processus d'exploration vocale bien antérieurs à ceux qui ont généré les langues contemporaines d'UPSID (les uns avant l'apparition de la communication complexe, les autres longtemps après l'apparition du langage). Les similarités et différences dans les structures des deux systèmes sont donc intéressantes, mais doivent être relativisées.

# CHAPITRE 8

# Origine des règles
# de syntaxe des sons

Dans les modèles des deux chapitres précédents, les individus produisaient des vocalisations dont les objectifs articulatoires étaient choisis aléatoirement parmi le répertoire digitalisé et auto-organisé de phonèmes dans les cartes nerveuses. Nous avons vu que parce que le nombre de ces unités articulatoires (phonèmes) discrètes était petit par rapport au nombre de vocalisations qu'un individu pouvait faire pendant sa vie, il y avait forcément réutilisation systématique de ces phonèmes dans la composition des vocalisations. Au contraire, la manière de séquencer ces phonèmes n'était pas organisée, mais aléatoire. Cela veut dire que toutes les combinaisons séquentielles des phonèmes de leur répertoire étaient produites par les individus.

Or les systèmes de sons que les humains utilisent, comme nous l'avons expliqué au chapitre 2, organisent très fortement la manière dont peuvent être combinés les phonèmes. En particulier, chaque langue n'autorise que certaines séquences de phonèmes et pas d'autres. Par exemple, en anglais, [spink] est un mot possible, alors que [npink] ou [ptink] sont impossibles. En berbère, les mots prononcés [tgzmt] et [tkSmt] sont autorisés, alors qu'ils ne le sont pas en français. Chaque langue correspond ainsi à un code qui définit non seulement un répertoire partagé de phonèmes, mais aussi un répertoire partagé de combinaisons possibles de phonèmes. Une unité de combinaison essentielle en linguistique est la syllabe, définie comme une vocalisation produite durant une oscillation de la mâchoire (MacNeilage, 1998).

Ainsi, les répertoires de syllabes autorisées dans les langues du monde sont organisés. Il y a une structure dans l'ensemble des combinaisons de phonèmes permises. La syllabe comporte un certain nombre d'emplacements, comme l'« onset », le « nucleus » ou le « coda », dans lesquels souvent seuls certains phonèmes peuvent être insérés. Il y a des langues comme le japonais où les syllabes ne peuvent comporter que deux phonèmes : les consonnes ne peuvent alors apparaître qu'en première position et les voyelles en deuxième position (on note ces syllabes « CV »). Ce sont parfois aussi les groupes, ou clusters, de phonèmes qui ne peuvent prendre que certaines places. Les répertoires de syllabes des langues humaines sont donc organisés selon des patterns (e.g. CV, CCV). On appelle ces règles de syntaxe des sons la « phonotactique ». En outre, il y a des patterns qui sont statistiquement préférés aux autres dans les langues du monde. Par exemple, toutes les langues permettent d'utiliser des syllabes de types CV, alors que beaucoup n'autorisent pas de clusters de consonnes en début de syllabes.

Nous allons montrer dans ce chapitre comment une extension du modèle présenté dans le chapitre 6 permet non seulement de faire apparaître des répertoires digitaux et partagés de phonèmes, mais aussi des répertoires partagés de syllabes qui sont organisés en patterns, correspondant à des règles de syntaxe des sons. Nous montrerons aussi comment certains patterns peuvent être préférés statistiquement quand des contraintes articulatoires et énergétiques sont introduites.

## *Mort auto-organisée de neurones temporels*

Plutôt que de réaliser la sélection des objectifs articulatoires par un algorithme qui active aléatoirement des neurones de la carte, nous allons faire réaliser cette tâche par des neurones que nous appellerons « temporels ». Cela veut dire qu'à la carte de neurones modélisant les relations entre organes (la carte spatiale) nous ajoutons une carte de neurones modélisant des séquences d'objectifs articulatoires (par le biais de séquences d'activations des neurones de la carte spatiale).

Ces neurones temporels sont connectés chacun à plusieurs neurones spatiaux. Ils peuvent à la fois recevoir et envoyer des signaux par ces connexions. Ces neurones sont temporels parce que leur fonction d'activation a une dimension temporelle : leur activation ne dépend pas seulement de l'activation des neurones spatiaux auxquels ils sont connectés, mais aussi de l'ordre dans lequel ils sont activés. Quand ils reçoivent des signaux de la carte spatiale, leur activation est calculée à partir de l'évolution temporelle de l'activité des neurones spatiaux, qui elle-même est déterminée par les trajectoires acoustiques qui sont perçues[1]. Ce mécanisme d'activation est tel que chaque connexion a un poids qui varie au cours du temps selon une fonction gaussienne et qu'à chaque instant le neurone temporel fait la somme des activations des neurones spatiaux auxquels il est connecté, pondérée par ces poids. L'activation du neurone temporel après une vocalisation est la somme de toutes les sommes pondérées effectuées lors de sa perception.

Les neurones spatiaux auxquels un neurone temporel est connecté déterminent les objectifs articulatoires de la séquence codée par le neurone temporel. L'activation d'un neurone temporel a pour conséquence d'activer les neurones spatiaux auxquels il est connecté selon un pattern temporel. Ici, le pattern temporel sera régulier et activera d'abord un neurone seulement, correspondant au premier objectif articulatoire, puis un deuxième neurone, correspondant au deuxième objectif articulatoire, puis un troisième, un quatrième, etc. Les simulations présentées n'utiliseront d'ailleurs que deux objectifs articulatoires par vocalisation : chaque neurone temporel sera donc connecté à deux neurones spatiaux. Cela permettra de représenter visuellement la carte temporelle.

Initialement, un grand nombre de neurones temporels est créé (500, à comparer aux 150 de la carte spatiale) et ils sont connectés aléatoirement aux neurones spatiaux. Le nombre élevé de neurones sert à couvrir une grande partie de l'espace des combinaisons possibles. Contrairement aux neurones de la carte spatiale qui évoluent de la même manière qu'au chapitre 6, les neurones temporels ne verront pas leurs propriétés évoluer au cours du temps. Donc, pour l'instant, leur présence ne change rien à la simulation du chapitre 6 : les vocalisations sont toujours composées d'objectifs articulatoires sélectionnés aléatoirement. Il faut donc ajouter un mécanisme pour atteindre le but que l'on s'est fixé dans cette partie.

---

1. La formule mathématique pour calculer l'activation du neurone temporel $i$ est la suivante :

$$tuneTemporel_i = \sum_{t=0}^{T} \sum_{j=1}^{Ntarget} \frac{1}{\sqrt{2\pi}\sigma} \cdot e^{-\frac{1}{2}\| t - T_j \|^2 / \sigma^2} \cdot \frac{1}{\sqrt{2\pi}\sigma} \cdot e^{-\frac{1}{2}\| tune_{j,t} \|^2 / \sigma^2}$$

avec $T$ qui représente la durée du signal qu'il reçoit (c'est-à-dire la durée de la vocalisation qu'il perçoit), $Ntarget$ le nombre de neurones spatiaux auxquels il est connecté, $T_j$ un paramètre qui détermine quand le neurone $i$ est sensible à l'activation du neurone spatial $j$, et $tune_{j,t}$ l'activation du neurone spatial $j$ à l'instant $t$.

Ce mécanisme s'inspire du phénomène de l'apoptose, ou mort programmée des neurones dans le cerveau humain (Ameisen, 2000). Changeux, Courrège et Danchin (Changeux, Courrège et Danchin, 1973 ; Changeux, 1983) ont défendu l'hypothèse selon laquelle le développement du cerveau, à la naissance mais aussi pendant toute la vie, se fait par génération spontanée et aléatoire de neurones et de connexions qui sont ensuite éliminées ou conservées selon le niveau de neurotrophines qu'ils reçoivent. Les neurotrophines sont des substances qui permettent de bloquer un système de suicide automatique des cellules nerveuses. Elles sont en particulier générées et fournies aux neurones qui sont suffisamment activés. Les neurones qui sont stimulés survivent alors que les autres meurent. Certains chercheurs de la littérature anglo-saxonne appellent ce phénomène *activity-dependent growth* (Ooyen, 2003).

On va donc appliquer ce principe de génération et élimination des neurones temporels selon leur niveau d'activité[1]. Chaque neurone devra avoir une activité moyenne supérieure à un certain seuil (*seuilVital*) pour être conservé. Ce seuil reste le même pour tous les neurones de la carte. Le processus d'élimination ne commence pas immédiatement après la création de la cellule, mais un peu plus tard, après quelques dizaines de vocalisations, ce qui permet d'utiliser une valeur juste de l'activité moyenne.


## *Dynamique*


Une population de cinq individus interagit de la même manière qu'au chapitre 6 : ils se déplacent aléatoirement dans un environnement virtuel et, à des moments aléatoires, produisent un son par l'activation aléatoire d'un neurone de leur carte temporelle. L'individu le plus proche entend alors la vocalisation et met à jour les neurones de ses deux cartes.

---

1. L'activité moyenne est calculée de la manière suivante :

$$<tuneTemporel_j> = \frac{<tuneTemporel_j> * (window - 1) + tuneTemporel_j}{window}$$

où $<tuneTemporel_j>$ représente le niveau moyen d'activité et $tuneTemporel_j$ la dernière activité relevée après la perception d'une vocalisation. Cette activité moyenne est calculée de telle manière qu'il n'est pas nécessaire de garder en mémoire les activités précédentes. La fenêtre *window* aura la valeur 50. La valeur initiale de $tuneTemporel_j$ est égale à 2 × *seuilVital*.

On se replace dans le même cadre qu'au chapitre 6 en ce qui concerne la nature des espaces et leur dimension. Là encore, nous supposons que le passage de l'espace acoustique à l'espace des relations entre organes peut être fait par les individus, de même que le passage de l'espace des relations entre organes à l'espace des activations musculaires. Ainsi, seul l'espace des relations entre organes est ici considéré. De plus, comme au début du chapitre 6, un espace de dimension 1 est utilisé. Cela va permettre de visualiser les neurones de la carte temporelle : en effet, comme ils sont connectés à seulement deux neurones de la carte spatiale, ils sont définis par deux valeurs, et donc par un point sur le plan. La figure 8.1 représente les deux cartes d'un individu au début d'une simulation. L'axe des abscisses ainsi que l'axe des ordonnées représentent tous les deux l'espace des relations entre organes. Les points qui sont sur ces deux axes sont les vecteurs préférés des neurones de la carte spatiale. Ce sont donc les mêmes points sur les deux axes. Ensuite, les points qui sont dans le plan

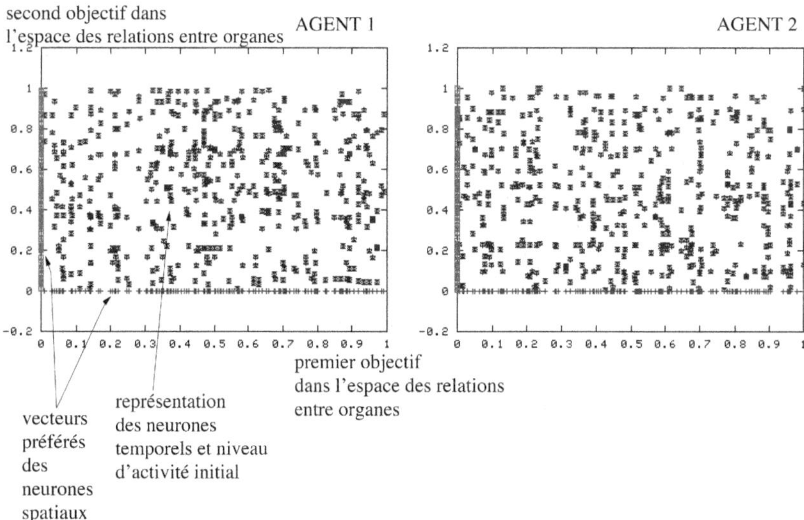


**Figure 8.1.** Les deux cartes nerveuses de deux individus au début de la simulation : le rectangle sur la gauche représente la carte spatiale (dont les vecteurs préférés sont représentés par des points sur les axes des abscisses et des ordonnées) et la carte temporelle (dont les neurones sont représentés par les petits segments) d'un individu. Le rectangle sur la droite représente les cartes d'un autre individu choisi au hasard dans la population.

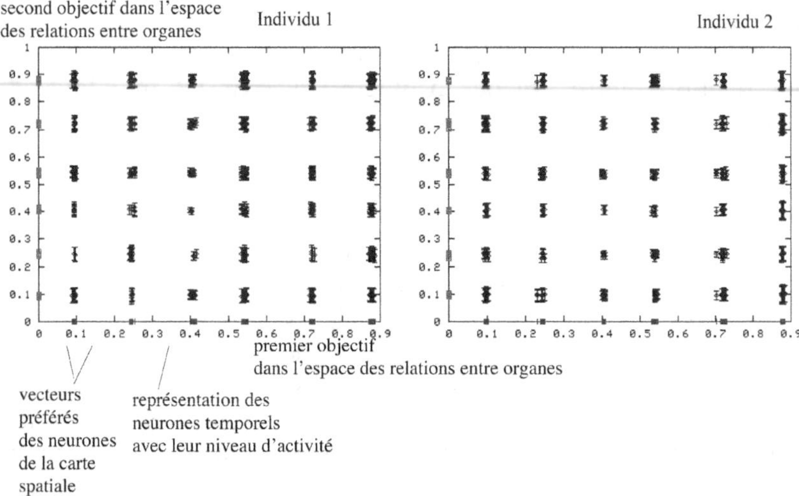



**Figure 8.2.** Illustration du type de carte temporelle que l'on obtient si l'on n'utilise pas le mécanisme d'élimination des neurones temporels.

(au centre de petits segments) représentent les neurones de la carte temporelle. Chacun d'entre eux a son abscisse et son ordonnée qui tombe sur l'un des vecteurs préférés des neurones spatiaux : celui des abscisses correspond au premier objectif articulatoire codé par le neurone temporel, celui des ordonnées correspond au second objectif articulatoire codé par le neurone temporel. La figure montre que l'ensemble des neurones temporels couvre à peu près tout l'espace des combinaisons possibles de vocalisations. Les petits segments qui entourent chaque point représentent le niveau d'activation moyen (ici initial) des neurones temporels. Plus il est grand, plus le niveau d'activation est élevé (il est initialement le même pour tous les neurones).

Avant de présenter les résultats donnés par la dynamique de génération et l'élimination des neurones temporels, la figure 8.2 illustre ce qui se passe si aucun neurone temporel n'est éliminé. Elle représente les cartes d'un individu après 1 000 interactions avec un autre individu. Ici les neurones temporels couvrent toutes les combinaisons mathématiquement possibles de séquences de deux phonèmes (dont on définit la catégorie par l'appartenance à l'un des clusters). Il n'y a donc pas de règle restrictive pour la combinaison des phonèmes, donc pas de phonotactique, et encore moins de patterns.

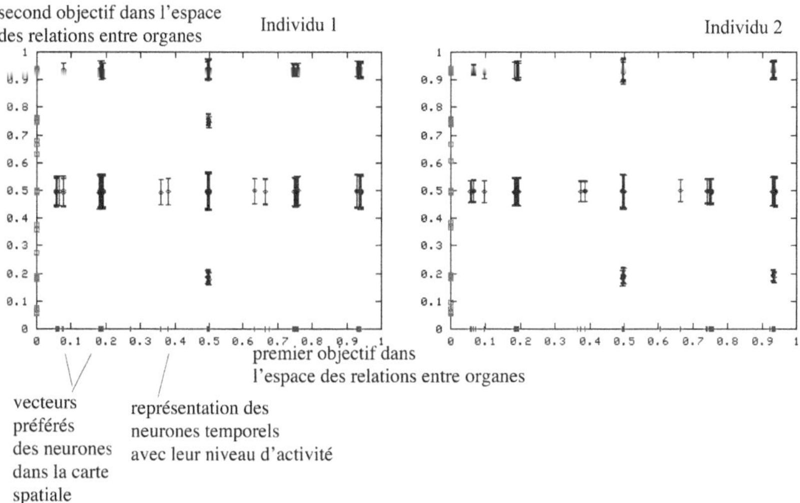



**Figure 8.3.** Si l'on utilise le mécanisme de sélection des neurones temporels (élimination de ceux qui ne reçoivent plus assez de neurotrophines), on obtient ce type de pattern à la fin des simulations. D'une part, on remarque que toutes les combinaisons de phonèmes ne sont plus représentées dans la carte temporelle, et donc les individus ne produisent que celles pour lesquelles ils ont des neurones temporels. D'autre part, les combinaisons possibles de phonèmes sont organisées en patterns : des règles de syntaxe des sons se sont auto-organisées.

La figure 8.3 montre maintenant ce qu'on obtient si les neurones qui ne sont pas assez activés sont éliminés. Ici sont représentées les cartes de deux individus après 1 000 interactions. On remarque tout d'abord que maintenant les neurones de la carte temporelle ne couvrent plus toutes les combinaisons possibles. De plus, ils couvrent les mêmes combinaisons chez les deux individus. Cela implique que les vocalisations qu'ils produisent ne comportent que certaines combinaisons de phonèmes et pas d'autres, et que ces règles de combinaison sont partagées : des règles phonotactiques culturellement partagées sont ainsi apparues. Ces règles sont évidemment différentes à chaque simulation, donc diverses. La figure 8.4 donne un autre exemple de résultat.

Une deuxième observation concerne l'organisation des neurones temporels survivants dans l'espace des combinaisons qu'ils codent (représenté sur la figure). En effet, l'ensemble des combinaisons apparaissant après quelques centaines d'interactions ne

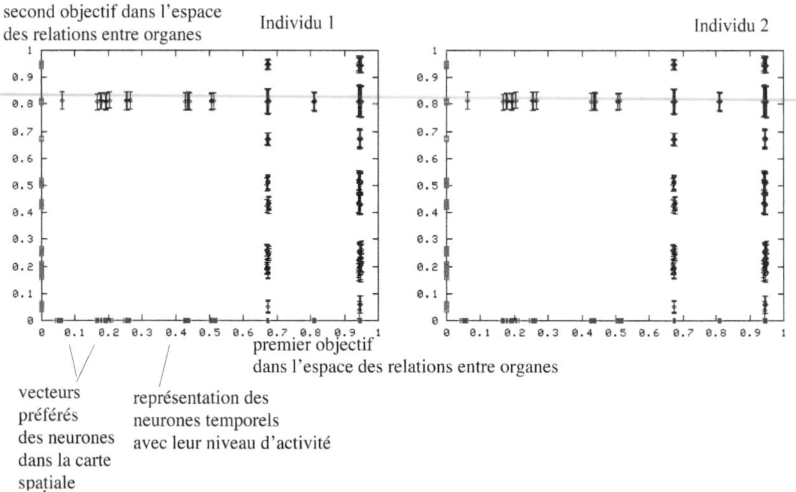



**Figure 8.4.** Un autre exemple de système phonotactique généré par une population d'individus.

sont pas réparties aléatoirement parmi celles qui sont possibles. Elles s'organisent en lignes et en colonnes. Par exemple sur la figure 8.4, deux colonnes et une ligne apparaissent. Si l'on appelle les phonèmes associés aux huit clusters de la carte spatiale $p_1$, $p_2$,..., $p_8$, comme indiqué sur la figure, alors il est possible de résumer le répertoire de syllabes de ces deux individus à : $(p_6,*)$, $(p_8,*)$ et $(*, p_7)$, où * veut dire : « n'importe quel phonème parmi $p_1$,..., $p_8$ ». Le répertoire est donc organisé en patterns, de la même manière que les répertoires des langues humaines peuvent être résumés en patterns (par exemple, le Japonais peut se résumer aux patterns « CV », « CVC » et « VC »).

La formation de répertoires partagés, d'une part, et la formation de patterns, d'autre part, résultent d'une dynamique de compétition et de coopération entre les neurones temporels. En effet, le seuil vital de ces neurones a été choisi de telle manière que si l'on se met dans le cas de la figure 8.2, où il y a des neurones temporels pour toutes les combinaisons, alors la fréquence de production de chaque combinaison sera trop faible pour provoquer un dépassement du niveau d'activation vitale. Imaginons que la situation initiale de la simulation est celle de la figure 8.2, où les clusters sont déjà formés dans la carte de neurones spatiaux. Cela veut dire qu'on découple la dynamique des neurones spatiaux et

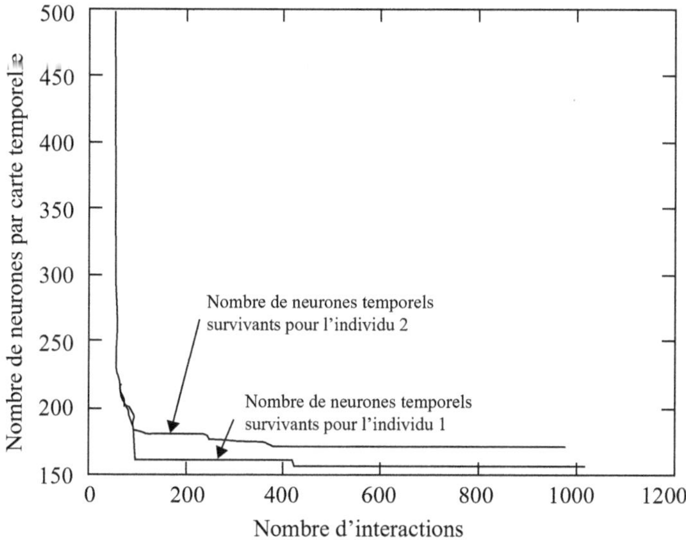


**Figure 8.5.** Évolution du nombre de neurones temporels survivants correspondant à la simulation qui a généré le système de la figure 8.3. Il y a d'abord une phase pendant laquelle un certain nombre de neurones meurent, puis une phase de stabilisation du système pendant laquelle les neurones restants réussissent à survivre.

celle des neurones temporels. À ce moment, chaque neurone a un niveau d'activation initial supérieur (de deux fois) à son niveau vital. Ce niveau vital a été réglé pour être supérieur au niveau d'activation moyen généré par cette configuration initiale. Ainsi, au départ les niveaux d'activité de tous les neurones vont se mettre à baisser. Parce qu'il y a de la stochasticité naturelle dans le système, due au choix aléatoire de l'activation des neurones temporels et par la répartition pas tout à fait égale des neurones dans les clusters des cartes spatiales, ces niveaux d'activité ne vont pas tous diminuer exactement de la même manière. En particulier, certains neurones vont passer sous la barre de leur niveau vital avant les autres, ce qui les fait mourir. La survie d'un neurone dans un cluster de la carte temporelle d'un individu dépend en partie du nombre de neurones correspondant à la même combinaison chez les autres individus, dont la survie elle-même dépend de la densité de neurones du cluster en question chez le premier individu. Cela crée des boucles de rétroaction positive qui font que quand par hasard un certain nombre de neurones meurent dans un cluster d'un individu, cela favorise la mort des neurones correspondants chez les autres individus. De la même manière, des clusters qui sont « en forme » (ils ont beaucoup de neurones et avec un niveau d'activité élevé, ce qui prolonge leur effet) vont favoriser la survie des neurones correspondants chez les autres individus.

Ainsi, l'interaction de ces forces de compétition et de coopération va profiter des fluctuations pour conduire le système dans un état stable, dans lequel la mort des cellules s'est arrêtée. Dans cet état, chaque neurone trouve un niveau d'activité supérieur au niveau vital. Les figures 8.5 et 8.6 permettent de visualiser l'évolution du nombre de neurones survivants des deux individus correspondants aux simulations dont le résultat final est représenté sur les figures 8.3 et 8.4. Une nette séparation apparaît entre la phase de mort des neurones et la phase de stabilisation.

Le renforcement mutuel entre neurones n'a pas seulement lieu entre les neurones de clusters correspondants à la même combinaison de phonèmes chez des individus différents. Elle peut aussi se faire entre des clusters qui partagent un phonème à la même

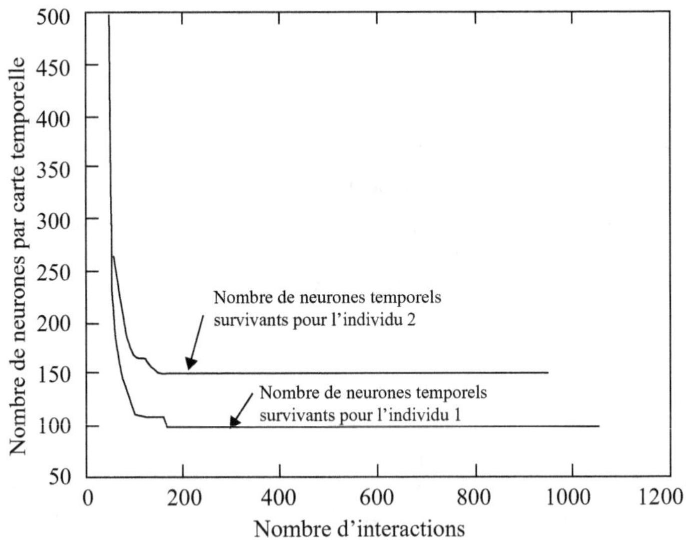


**Figure 8.6.** Évolution du nombre de neurones temporels survivants correspondant à la simulation qui a généré le système de la figure 8.4. Les deux individus ne possèdent pas exactement le même nombre de neurones survivants : cela est dû à la stochasticité, c'est-à-dire à la part d'aléatoire inhérente au système. Cependant, comme la figure 8.4 le montre, ils partagent la même phonotactique, les mêmes patterns de combinaisons de sons élémentaires.

place dans la vocalisation. En effet, nous avons expliqué plus haut le mode d'activation d'un neurone temporel : le calcul se fait de manière continue sur la somme des ressemblances locales (filtrées par une gaussienne) entre les signaux. Notons $p_1$, $p_2$, $p_3$ et $p_4$ quatre phonèmes distincts. Si la similarité entre deux vocalisations composées de deux phonèmes appartenant à la même catégorie vaut à peu près 1, alors la similarité entre $(p_1, p_2)$ et $(p_1, p_3)$ vaut à peu près 0,5, et celle entre $(p_1, p_2)$ et $(p_3, p_4)$ vaut à peu près 1. Ce qui veut dire que le niveau d'activité apporté à un neurone temporel par deux clusters de neurones chez les autres individus qui partagent un seul phonème avec lui est à peu près le même que le niveau d'activité apporté par un cluster chez les autres individus qui correspond exactement à la même combinaison de phonèmes. Donc des groupes de clusters se renforçant les uns les autres vont apparaître pendant l'auto-organisation des répertoires de neurones temporels, et cela grâce à des boucles de rétroaction positives. Ce sont les lignes et les colonnes que l'on a observées plus tôt. C'est la manière dont apparaît une organisation du répertoire de syllabes en patterns. L'interaction entre compétition et coopération au niveau des clusters individuels explique la formation de répertoires partagés et stables chez les individus, alors que l'interaction entre la compétition et la coopération entre les « lignes » et les « colonnes » de clusters explique la formation de patterns.

## Rôle des contraintes articulatoires
## et énergétiques

Le mécanisme présenté dans la partie précédente fait que si l'on réalise un grand nombre de simulations, il n'y aura de préférences statistiques ni pour la localisation des clusters de neurones temporels, ni pour celle des clusters de neurones spatiaux. Cela ressemble à la simulation sans biais articulatoire du chapitre 6, dans laquelle les modes avaient autant de chance d'apparaître à un endroit de l'espace des relations entre organes qu'à un autre.

Comme au chapitre 6, nous allons voir ici comment un biais articulatoire peut introduire des préférences. Ce biais articulatoire, modélisant les non-linéarités de la fonction qui fait correspondre des sons à des configurations articulatoires, sera modélisé au travers de la distribution initiale de vecteurs préférés. La distribution initiale des vecteurs préférés des neurones de la carte spatiale sera ici similaire à la distribution initiale des vecteurs préférés de la simulation avec biais articulatoire du chapitre 6 : la densité de vecteurs préférés sera croissante entre 0 et 1. Il y aura donc la plus grande densité de vecteurs préférés près de 1, et la plus petite densité sera près de 0. La figure 8.7 donne deux exemples de distributions initiales de vecteurs préférés.

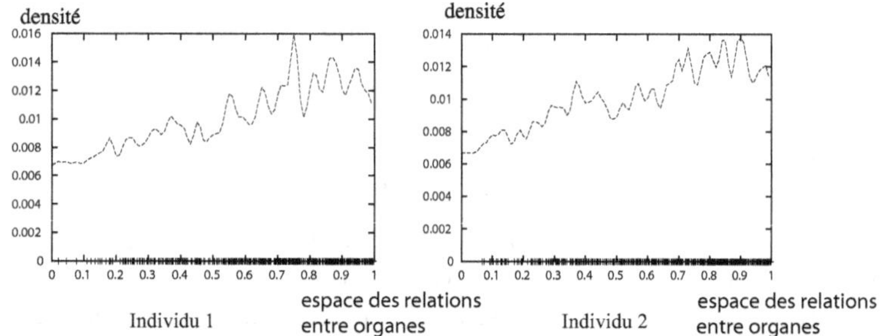


**Figure 8.7.** Exemple de distribution initiale des vecteurs préférés des cartes spatiales de deux individus, biaisée par des contraintes articulatoires. Il y a au départ plus de neurones codant pour des configurations articulatoires proches de 1 que de neurones codant pour des configurations articulatoires proches de 0.

Cependant, nous allons aussi considérer ici un autre biais mettant en jeu des contraintes énergétiques. Chez un humain, par exemple, chaque vocalisation met en jeu le déplacement d'un certain nombre d'organes, et ce déplacement coûte de l'énergie : certaines vocalisations sont plus faciles à prononcer que d'autres du point de vue de l'énergie musculaire dépensée. D'ailleurs, plusieurs travaux (Lindblom, 1992 ; Redford *et al.*, 2001) ont déjà proposé que ce coût énergétique était une contrainte importante dans la formation des systèmes de sons des langues humaines. Cette contrainte sera modélisée ici en associant à chaque vocalisation un coût énergétique que l'on va définir et qui influencera le niveau de neurotrophines reçues par les neurones qui les codent (ainsi, à fréquence d'activation égale, un neurone codant pour une syllabe facile à prononcer recevra plus de neurotrophines qu'un neurone codant pour une syllabe difficile à prononcer, et donc aura plus de chance de survivre). La combinaison de ces deux contraintes va permettre d'illustrer comment l'interaction de deux biais différents peut mener à la formation de répertoires de syllabes avec des structures dont les propriétés statistiques ne sont déductibles à partir d'aucun biais pris tout seul.

Le coût énergétique associé à une vocalisation se définit par le déplacement de l'organe vocal par rapport à une position de repos que l'on fixe comme étant codée par le point 0 dans l'espace des relations entre organes. La position la plus éloignée est celle codée par 1[1]. L'énergie dépensée va influencer la survie des neurones temporels. Alors que précédemment, la survie des neurones ne dépendait que de leur activité moyenne, un terme correspondant à l'énergie est ici ajouté. Ce terme ne représente pas l'énergie directement, mais $c_1$ – *énergie*, ce qui permet d'avoir un nombre petit quand l'énergie dépensée devient grande (et donc le neurone reçoit moins de neurotrophines), et un grand nombre quand l'énergie est petite. La constante $c_1$ est choisie de manière à ce qu'en moyenne les termes d'activité et d'énergie aient des valeurs du même ordre de grandeur[2]. Le seuil vital a été choisi encore une fois assez bas pour que tous les neurones ne puissent pas survivre.

La figure 8.8 donne un aperçu de la carte temporelle initiale de deux individus, avec les niveaux initiaux de neurotrophine associés aux neurones. Seulement 150 neurones choisis aléatoirement parmi les 500 sont ici représentés pour pouvoir visualiser facilement la disparité des densités. Les segments sont ici avec leur valeur initiale. Cette valeur initiale n'est pas la même pour tous les neurones parce qu'on la calcule avec une valeur initiale d'activité moyenne homogène[3] et une valeur d'énergie qui varie en fonction de chaque neurone temporel. L'observation de la figure 8.8 montre qu'il y a plus de neurones temporels en haut à droite, mais que ceux qui sont en bas à gauche partent avec un coût énergétique inférieur, et donc reçoivent plus de neurotrophines à niveau d'activité égale. Il y a donc deux forces qui chacune vont favoriser la

---

1. Pour calculer l'énergie dépensée, la trajectoire articulatoire est discrétisée et on calcule la somme de toutes les distances entre les points de cette trajectoire et la position de repos. Si $p_1$ et $p_2$ sont les deux phonèmes utilisés comme objectifs articulatoires d'une vocalisation, et $p_1$, $p_{\text{int}1}$, $p_{\text{int}2}$,...,$p_{\text{int}N-1}$, $p_2$ les points successifs de la trajectoire générée après interpolation, alors l'énergie dépensée est :

$$e\,(p_1,p_2) = p_1^2 + p_{int_1}^2 + p_{int_2}^2 + ... + p_{int_{N-1}}^2 + p_2^2$$

2. Le niveau de neurotrophines que chaque neurone $j$ reçoit vaut donc :

$$niveau(j) = \ <tuneTemporel_j> \ + \ (c_1 - énergie(j))$$

Avec 150 neurones dans la carte spatiale, 500 neurones initialement dans la carte temporelle, les paramètres des gaussiennes étant ceux utilisés au début du chapitre, une discrétisation de la trajectoire articulatoire en 10 points pour calculer l'énergie, on prend $c_1 = 15$ et *seuilVital* $= 0,03$.

3. La valeur initiale d'activité moyenne est 0,02.

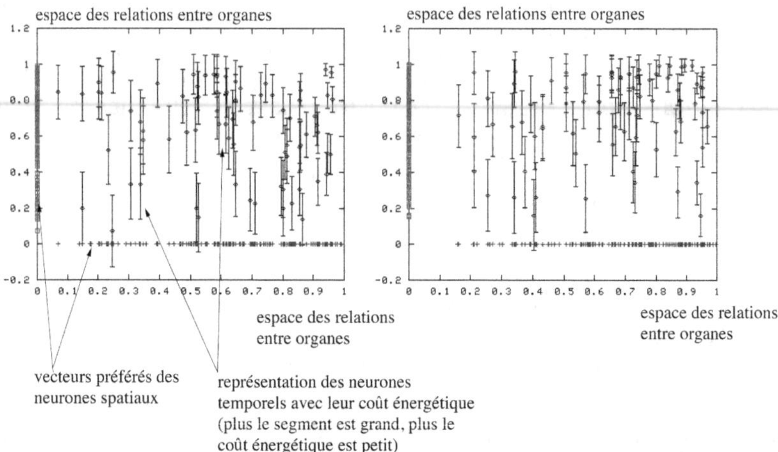


**Figure 8.8.** Exemple de l'état initial des cartes neuronales de deux individus quand elles sont biaisées par des contraintes articulatoires et énergétiques. La longueur des segments associés à chaque neurone temporel représente le niveau initial de neurotrophines pour chaque neurone. Les neurones temporels proches de (0,0) ont le niveau de neurotrophines le plus élevé, mais les neurones temporels proches de (1,1) sont plus nombreux. Ces derniers seront donc activés plus souvent au départ, et recevront ainsi plus de nouvelles neurotrophines que les neurones situés près de (0,0).

survie d'un coin de l'espace au détriment de l'autre. S'il n'y avait pas la contrainte énergétique, comme dans le chapitre 6, une préférence statistique pour les clusters de neurones spatiaux proches de 1 apparaîtrait, ce qui mènerait automatiquement à une préférence statistique pour les clusters de neurones temporels en haut à droite. De même, si ne survivaient que les neurones qui correspondent à des vocalisations qui ne dépensent pas beaucoup d'énergie, il y aurait une préférence statistique pour les clusters temporels en bas à gauche. La combinaison de ces deux forces va donner une préférence statistique différente. Pour l'évaluer, 500 simulations ont été réalisées. La figure 8.9 représente donc l'ensemble des neurones temporels survivants à la fin des 500 simulations. Il y a une nette préférence statistique pour les neurones situés au centre de l'espace, et non dans les coins.

Ces préférences statistiques forment ainsi une analogie structurelle intéressante avec les préférences statistiques des langues humaines concernant les répertoires de syllabes : les langues humaines préfèrent les syllabes de type CV aux syllabes de types

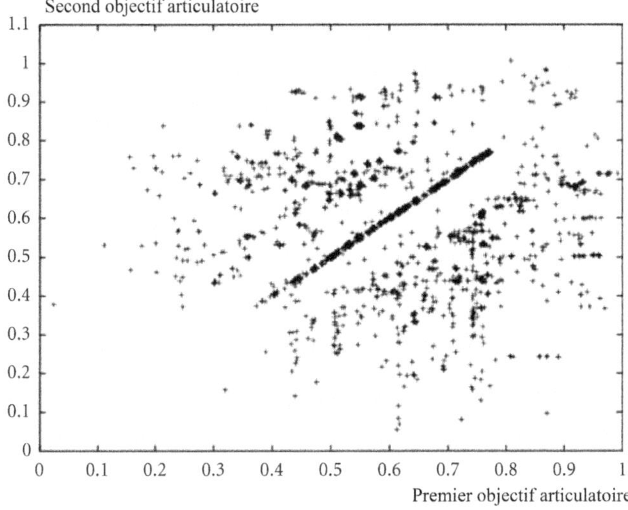


**Figure 8.9.** Distribution des neurones temporels survivants dans 500 simulations. Le répertoire de syllabes qui s'est auto-organisé réutilise principalement des configurations articulatoires élémentaires au centre de l'espace, réalisant un compromis entre les contraintes dues aux non-linéarités et au coût articulatoire des vocalisations.

CVC, elles-mêmes préférées aux syllabes de type CC, puis aux syllabes CCV et aux syllabes CVVC/CCVC/CVCC. Au contraire des simulations des chapitres 6 et 7, pour lesquelles on a pu modéliser de manière réaliste les contraintes articulatoires liées à la production et à la perception des voyelles, ce qui nous permettait de mettre en correspondance directe le modèle et les langues humaines, il n'existe pas de modèle à la fois réaliste et qui peut être simulé dans un tel contexte. C'est pourquoi le modèle présenté dans ce chapitre n'a pas modélisé des contraintes physiologiques particulières et de manière détaillée. Nous avons néanmoins montré, comme au chapitre 6, comment une population d'individus pouvait générer des systèmes de parole partageant des similarités structurelles qualitatives avec les langues humaines.

# CHAPITRE 9

# Des scénarios nouveaux pour l'origine de la parole

Dans les trois précédents chapitres, nous avons étudié des mécanismes qui permettaient à une population d'individus artificiels de développer spontanément un système de parole avec des propriétés similaires à celles des langues humaines (partage culturel, digitalité, combinatorialité, syntaxe des sons). Ces modèles sont bâtis sur un certain nombre de présuppositions que l'on a définies, concernant en particulier l'architecture cognitive et neuronale des individus. Nous allons maintenant discuter de l'intérêt de ces présuppositions en relation avec les scénarios évolutionnaires selon lesquels la parole pourrait être née.

Dans un premier temps, nous allons montrer que les modèles neuronaux, tant dans leur architecture que dans leurs propriétés de plasticité, possèdent des correspondances fonctionnelles générales avec les systèmes neuronaux humains. En réalité, c'est le caractère abstrait et générique de ces modèles neuronaux qui permet cela. En effet, ils ne sont pas des modèles de la physiologie de neurones individuels d'un cerveau biologique, mais plutôt des modèles de certaines fonctions de structures typiques des cerveaux biologiques. Ainsi, les modèles neuronaux présentés auparavant constituent un langage formel mathématique pour modéliser ces fonctions. Ils sont cependant compatibles avec plusieurs familles de modèles de la physiologie des neurones élaborés dans le domaine des neurosciences computationnelles (Arbib, 2005). Ce type de modèle fonctionnel peut être reformulé en utilisant un autre langage formel, celui des probabilités bayésiennes, souvent utilisées pour modéliser les fonctions du cerveau (Knill et Pouget, 2004), et comme Moulin-Frier, Schwartz, Diard et Bessière l'ont réalisé dans d'autres travaux sur la morphogenèse de la parole (Moulin-Frier *et al.*, 2008).

Ensuite, nous étudierons comment ces modèles permettent d'éclairer le problème de l'origine de la parole. Nous utiliserons le cadre explicatif que nous avons développé dans le chapitre 3 pour montrer l'intérêt de leurs présuppositions. En particulier, nous allons d'abord expliquer qu'ils sont compatibles avec les explications adaptationnistes de l'origine de la parole, et qu'ils en augmentent la force en fournissant une explication des mécanismes de génération des structures de la parole (en complément des mécanismes de sélection) : il apparaîtra facilement que la faible complexité des présuppositions, d'un tout autre ordre que celle des codes de la parole qui sont générés, rend leur découverte par la sélection naturelle beaucoup plus appréhendable si l'on se place dans le cadre d'une explication dans laquelle on attribue l'origine de la parole à son avantage pour la fonction de communication linguistique.

Ensuite, la généricité des mécanismes supposés dans ces modèles va nous permettre de proposer un scénario dans lequel ces mécanismes seraient apparus sans relation directe avec une pression sélective pour la communication linguistique. Nous proposerons que des structures partagées de parole pourraient être des effets collatéraux dus à la construction d'autres structures évolutionnairement plus anciennes, comme l'imitation vocale et les mécanismes de motivation intrinsèque poussant l'organisme à explorer son corps et son environnement par pure curiosité. Bref, cela nous permettra de suggérer que les codes de la parole des langues contemporaines sont peut-être des exaptations, dont les premières versions ont peut-être été des résultats de l'auto-organisation de structures dont l'origine n'était pas associée au langage.


## *Correspondances fonctionnelles*
## *entre systèmes nerveux artificiels et humains*


Nous avons déjà montré dans le chapitre 7 les similarités entre les systèmes de voyelles générés par les individus du modèle et ceux des langues humaines. Nous allons ici argumenter que les présuppositions qui mènent à ces résultats ont des correspondances fonctionnelles fortes avec certaines structures du cerveau humain. Bien que nous ayons employé les termes d'« unités nerveuses » et « réseaux de neurones » pour décrire l'architecture interne des individus artificiels, il est important de réaliser qu'il ne s'agit pas de modèles physiologiques du cerveau humain. Ces termes sont ainsi utilisés à des fins d'analogie fonctionnelle. Ces architectures nerveuses artificielles, ainsi que leurs mécanismes de plasticité, sont donc des modèles mathématiques abstraits de certaines des fonctions des réseaux de neurones biologiques. Nous allons ainsi maintenant étudier plus en détail ces correspondances fonctionnelles.

Tout d'abord, les briques de base des cerveaux des individus de ces modèles sont des unités nerveuses artificielles caractérisées par le fait qu'ils répondent maximalement pour un stimulus, et cette réponse décroît à mesure que les stimulus deviennent différents du stimulus préféré, que l'on appelle vecteur préféré. En ce qui concerne les unités nerveuses spatiales (introduites au chapitre 6), elles reposent sur des mécanismes largement utilisés dans toute la littérature de modélisation en neurosciences (Arbib, 2002). La manière dont la réponse décroît peut varier d'un modèle à un autre. C'était ici réalisé avec des fonctions mathématiques gaussiennes, ce qui est courant dans cette même littérature. Ce choix n'est d'ailleurs pas crucial, car la plupart des fonctions d'activation qui décroissent et dont la valeur devient très faible loin du vecteur préféré mèneront à peu près à la même dynamique. Quant aux unités nerveuses temporelles présentées au chapitre 8, et dont la fonction gaussienne a une composante temporelle, elles sont moins fréquemment utilisées en modélisation mais font tout aussi bien partie du paysage conceptuel en neurosciences. Par exemple, les neurones utilisés dans le cortex visuel ont ce type de comportement et de fonction d'activation (Dayan et Abbot, 2001). Des neurones similaires sont vraisemblablement utilisés dans le traitement auditif, qui comme la vision, implique une composante temporelle de la perception (Kandel, 2001).

La dynamique d'adaptation aux stimuli, qui modifie les vecteurs préférés des unités nerveuses, est aussi relativement commune. Le renforcement de la sensibilité des unités nerveuses aux stimuli qui les font le plus réagir constitue la base des cartes auto-organisatrices de Kohonen (Kohonen, 1982), elle-même considérée comme des modèles du cortex cérébral (Aflalo et Graziano, 2006). On formule souvent cette loi d'adaptation en termes de renforcement hebbien des connexions entre neurones (Arbib, 1995). D'autres modèles, similaires à ceux que nous avons étudiés, et se focalisant sur la perception des voyelles, ont d'ailleurs donné lieu à des avancées importantes sur la compréhension du développement perceptuel de la parole (Guenther et Gjaja, 1996).

Les unités nerveuses des individus artificiels sont organisées en cartes particulières à chaque modalité, ce qui correspond à un aspect important de l'organisation des cortex biologiques (Arbib, 1995). En outre, ces cartes sont connectées de telle manière que les individus peuvent maîtriser les correspondances d'un espace à l'autre : ils peuvent trouver les configurations articulatoires qui correspondent à un son. Cette maîtrise de la traduction d'un espace à l'autre est évidemment présente chez les humains, sinon ils ne pourraient pas s'imiter les uns les autres et la parole n'existerait pas. Nous aborderons par contre la question cruciale de l'origine de cette capacité dans la partie suivante. Pour l'instant, nous remarquerons juste que cette capacité se retrouve couramment dans les systèmes nerveux des mammifères : par exemple, une capacité équivalente pour maîtriser la coordination entre le mouvement des mains et la vision qu'on en a existe chez les mammifères qui disposent de mains ! Des découvertes récentes concernant les neurones miroirs (Rizzolatti *et al.*, 1996) ont cependant provoqué beaucoup d'animation dans la communauté scientifique. Il s'agit de neurones, observés chez le singe et pour lesquels des expériences d'imagerie semblent indiquer indirectement qu'ils sont aussi présents chez l'homme, qui sont normalement activés par l'animal quand il produit une action motrice (par exemple prendre une pomme dans sa main), mais qui sont aussi activés quand ils voient un autre singe effectuer la même action. Cependant, cette découverte ne fait que mettre au jour certaines parties du chemin neuronal qui permet la traduction d'un espace à l'autre, et on ne sait pas encore si le câblage de ces neurones est inné ou le résultat d'un apprentissage. Ainsi, la structure des connexions entre les cartes dans les simulations a été réalisée de manière aussi générique que possible. Elle ne présuppose pas de câblage inné précis et repose sur des connexions dont la règle d'adaptation hebbienne permet d'apprendre la traduction entre les différents espaces moteurs et perceptuels.

Le couplage entre les cartes perceptuelles et motrices ainsi que la dynamique d'adaptation des vecteurs préférés des neurones fait que la perception d'un son augmente la probabilité de le produire dans le futur. Cela correspond exactement au phénomène de *perceptual attunement* décrit par Vihman (Vihman, 1996) pour le développement phonologique des bébés.

Les vecteurs préférés des unités nerveuses artificielles, ainsi que leurs connexions, sont initialement aléatoires et s'adaptent, ou même survivent ou disparaissent pour les neurones temporels, selon leur activation au cours de la vie de l'individu. Cette manière de bâtir un cerveau s'accorde avec les théories sélectionnistes de l'épigenèse neuronale développées par Changeux, Courrège et Danchin (Changeux *et al.*, 1973) et Edelman (Edelman, 1993). Ces théories ont été récemment renforcées par la découverte du phénomène de l'apoptose, ou mort neuronale programmée, qui montre que tous les neurones ont un programme interne de suicide qui doit être inhibé pour qu'ils puissent survivre (Ameisen, 2000). Cette inhibition se fait par la réception de neurotrophines, en particulier lorsque les neurones sont suffisamment stimulés électriquement. Plusieurs approches en neurosciences, dont la théorie de Changeux, Courrège et Danchin (Changeux *et al.*, 1973), ainsi que des théories plus récentes comme celle de Fernando et Szathmáry (Fernando *et al.*, 2013), conceptualisent ainsi l'apprentissage dans le cerveau comme une génération initiale de matériel neuronal aléatoire et abondant, qui est ensuite sculpté au cours de l'interaction avec l'environnement.

Dans les modèles des chapitres précédents, le comportement de catégorisation des stimuli par chaque carte neuronale a été modélisé au travers de la relaxation dynamique de ces réseaux de neurones récurrents, jusqu'à ce qu'ils tombent dans un attracteur (qui était un point fixe). La catégorie d'un stimulus était l'identité de l'attracteur. Conceptualiser les catégories perceptuelles comme des attracteurs de l'activité cérébrale considérée comme un système dynamique est une idée courante dans la communauté scientifique, par exemple défendue par Edelman (Edelman, 1993) ou Kaneko et Tsuda (Kaneko et Tsuda, 2000). Freeman (Freeman, 1978) a effectué des mesures sur la dynamique de l'activité électrique du bulbe olfactif du lapin qui confirme la plausibilité de cette hypothèse.

La production de vocalisations par les individus de ces modèles consistait en outre en la définition d'un certain nombre d'objectifs articulatoires qui étaient ensuite atteints par un déplacement continu des organes articulatoires. Cette manière de concevoir le contrôle moteur est acceptée assez largement (Flash et Hochner, 2005). De manière générale, elle considère que le contrôle moteur s'organise en deux niveaux : tout d'abord il y a la production d'un programme moteur qui spécifie des objectifs à atteindre (avec la partition gestuelle dans le cas de la parole) ; puis il y a l'exécution de ce programme pris en charge par des dispositifs nerveux de plus bas niveau, et qui s'occupent de contrôler le déplacement des organes en fonction des contraintes du moment. Dans les chapitres précédents, nous nous sommes concentré sur le niveau des programmes moteurs, en modélisant le niveau de leur exécution par un mécanisme naïf (interpolation polynomiale). Ainsi, nous n'avons pas étudié les phénomènes de coarticulation et leur influence possible sur la construction de répertoires phonémiques, bien que ce soit un sujet très intéressant.

## *Des modèles à la réflexion sur l'évolution de la parole*

Comme leur nom l'indique, nous avons jusqu'à présent considéré que les présuppositions des modèles que nous avons étudiés étaient données. Nous avons montré qu'elles permettaient de faire générer à une société d'individus des systèmes de vocalisations qui partageaient un certain nombre de propriétés fondamentales avec les codes de la parole des humains. Nous allons maintenant nous interroger sur la provenance évolutionnaire possible des fonctions biologiques modélisées par ces présuppositions. En particulier, nous allons nous demander si les plus importantes de ces fonctions pourraient avoir une origine indépendante de la fonction de communication linguistique.

D'abord, il est possible d'expliquer l'existence des systèmes perceptuels et moteurs indépendamment l'un de l'autre sans avoir recours à la fonction de communication. Tous les mammifères avec des oreilles ont des ensembles de neurones dédiés au traitement du son, et d'autres dédiés au contrôle de leurs organes de la bouche et du conduit vocal. Comme nous l'avons vu, la manière dont s'opère le contrôle moteur dans ce livre est très générale et commune avec les activités motrices dans d'autres modalités. En outre, la manière dont les cartes s'adaptent en se sensibilisant aux stimuli qui les activent est caractéristique de formes d'apprentissage non supervisé, aussi appelé apprentissage latent, dans le cerveau des mammifères.

Deux mécanismes néanmoins, dans ces modèles, sont très particuliers et sont associés à des comportements et des capacités pour lesquels les humains se distinguent, et dont peu d'autres espèces animales sont dotées. Le premier mécanisme correspond à la structure neuronale et plastique connectant les structures perceptuelles auditives et les structures motrices phonatoires. En effet, cette structure permet aux individus, dans les modèles, d'apprendre à retrouver les commandes motrices correspondant à la vocalisation d'un autre individu. Or, énoncée comme cela, il est nécessaire de comprendre comment cette capacité a pu apparaître, et si en particulier elle a pu apparaître sous l'effet d'autres pressions fonctionnelles que celle de communiquer linguistiquement avec les autres individus. Nous allons voir que sa généricité pourrait permettre de trouver une autre origine : celle de l'imitation vocale adaptative, capacité partagée avec certaines espèces animales qui n'ont pas de langage, mais dont il va être intéressant de remarquer qu'elles utilisent des systèmes de vocalisations eux aussi combinatoriaux et phonotactiques.

Le second mécanisme très particulier est celui du babillage, c'est-à-dire l'exploration spontanée et systématique de l'espace vocal par les individus. Ce mécanisme est, dans les modèles que nous avons présentés, crucial pour permettre à un individu d'apprendre les correspondances morpho-perceptuelles. Il est aussi central pour la génération de vocalisations nombreuses qui influencent statistiquement celles des autres individus. Hormis l'hypothèse qu'un système inné et *ad hoc* ait évolué pour pousser les individus à explorer spécifiquement leurs vocalisations, et ce dans un contexte linguistique, nous allons présenter une autre hypothèse. L'un des traits distinctifs de l'humain consiste en sa propension pour l'exploration spontanée et apparemment gratuite de son corps et de son environnement, dirigée par le plaisir d'apprendre, le plaisir d'acquérir des informations nouvelles, de pratiquer des activités pour elles-mêmes et non pas pour récolter des récompenses physiologiques (e.g. nourriture) ou sociales (e.g. argent, reconnaissance). Bref, sa propension à l'exploration par pure curiosité, que l'on observe tant chez les nourrissons qui explorent avec avidité les objets qu'ils peuvent attraper, que chez l'adulte qui pour son propre plaisir va jouer au sudoku ou découvrir un sport nouveau. Ces mécanismes de « motivations intrinsèques », comme les nomment les psychologues, ont été le sujet de très nombreux travaux en psychologie développementale (Deci et Ryan, 1985 ; Berlyne, 1960 ; Csikszenthmihalyi, 1991) et semblent présents avec une ampleur unique chez les humains. Nous allons voir que de ces mécanismes, probablement plus anciens que le langage d'un point de vue évolutionnaire, l'exploration spontanée des vocalisations découle naturellement. Dans ce cadre, nous allons étudier des modèles robotiques récents de la curiosité artificielle (Oudeyer *et al.*, 2007 ; Kaplan et Oudeyer, 2007) permettant de comprendre comment ces mécanismes de motivations intrinsèques peuvent générer automatiquement des trajectoires organisées de développement de l'individu, dans lesquels l'exploration vocale et l'imitation apparaissent spontanément selon le même mécanisme que l'apprentissage de la manipulation des objets (Oudeyer et Kaplan, 2006 ; Moulin-Frier et Oudeyer, 2012).

## *Un scénario adaptationniste*

Tout d'abord, il est bien sûr possible d'imaginer que la structure plastique qui connecte les systèmes perceptuels et moteurs soit apparue au cours d'un processus darwinien d'évolution génétique sous l'effet d'une pression pour la communication linguistique. Les simulations que nous avons présentées sont totalement compatibles avec ce scénario fonctionnaliste. En effet, elles montrent que la formation d'un code de la parole permettant de distinguer efficacement les sons dans une société d'individus ne nécessite pas une pression qui s'exerce au niveau culturel. Une pression s'exerçant au niveau culturel correspondrait par exemple à des mécanismes « répulsifs » conduisant les individus à éloigner les sons de leur répertoire de manière active, et en évaluant leur efficacité au cours d'interactions linguistiques. C'est le cas par exemple dans les modèles de De Boer (de Boer, 2001), Goldstein (Goldstein, 2003), ou de manière implicite dans le modèle de Moulin-Frier *et al.* (Moulin-Frier *et al.*, 2008), qui décrivent très bien la dynamique d'évolution des répertoires de sons dans les langues contemporaines. Ainsi, les modèles que nous avons présentés permettent de comprendre comment au départ, quand les mécanismes de pression culturelle n'étaient peut-être pas encore établis, des mécanismes plus élémentaires ont pu permettre d'amorcer la construction de systèmes de vocalisations efficaces pour la communication langagière.

Plus précisément, les modèles que nous avons présentés dans les chapitres précédents permettent d'éclairer le problème de la poule et de l'œuf que l'on a exposé au chapitre 2. Ce problème était resté jusqu'à présent sans réponse, même très spéculative. Rappelons qu'il s'agit de savoir comment une convention comme celle d'un code de la parole, nécessaire à l'établissement de toute communication linguistique, peut se former alors qu'il n'en existe pas déjà un. En effet, d'autres modèles d'évolution de la parole (de Boer, 2001 ; Goldstein, 2003 ; Moulin-Frier *et al.*, 2008), du lexique ou de la grammaire (Steels, 2012) montrent comment une convention linguistique peut se former en supposant au départ que les individus peuvent interagir selon des protocoles d'interaction appelés « jeux de langage ». Or ces jeux de langage, que ce soit le jeu de l'imitation ou le jeu du « nommage » par exemple, sont précisément déjà des systèmes conventionnalisés d'une complexité au moins égale à celle d'un code de la parole, comme nous l'avons détaillé au chapitre 4. Ils impliquent l'utilisation de signaux pour désigner qui est le locuteur et qui est l'interlocuteur ou la connaissance de qui doit faire quoi à quel moment, comme dans les règles d'un jeu de société. Ces règles sont complexes, syntaxiques, et en partie arbitraires (on peut imaginer de nombreuses variantes équivalentes pour chaque jeu). Elles sont donc déjà des formes de communication (pré)linguistiques. Il est ainsi difficile d'imaginer comment ces interactions peuvent avoir lieu sans un système de formes (visuelles ou acoustiques, et donc de parole) qui permette de passer des informations d'un individu à l'autre pour réguler leurs interactions. Or, précisément, les modèles que nous avons étudiés en détail dans ce livre ne font pas intervenir de jeu de langage ni aucune autre sorte de coordination sociale. Ainsi, nous avons montré comment un code conventionnel (ici celui de la parole) pouvait s'amorcer sans qu'il soit besoin de présupposer des capacités d'interactions culturelles de complexité équivalente d'un point de vue évolutionnaire. Cela permet d'établir des hypothèses opérationnelles sur certains des mécanismes ayant permis à l'évolution, dans un environnement qui favorisait la reproduction des individus capables de communiquer, de générer puis de sélectionner des structures biologiques qui permettaient de construire les bases des systèmes de communication. Ainsi, ces modèles, visant principalement la question de l'origine des capacités de langage, sont complémentaires de ceux de Steels, de Kirby, de De Boer, de Goldstein ou de Moulin-Frier, qui visent plutôt la question de la formation et de l'évolution des langues.

En outre, la nature des composants du système apporte une lumière bien différente des idées proposées par l'école de l'innéisme cognitif de Pinker et Bloom (Pinker et Bloom, 1990) ou de Chomsky (Chomsky, 1975). En effet, ceux-ci proposent que des règles universelles décrivant la phonétique et la phonologie des langues sont précâblées de manière précise et préprogrammées dans le génome. Cela veut dire que l'organisation des sons en système digital est préprogrammée dans la maturation du cerveau. Or les modèles que nous avons étudiés suggèrent une autre hypothèse : les circuits neuronaux ne préprogramment absolument pas directement un code de la parole digital et partagé. En effet, les connexions entre le système perceptuel et le système moteur n'ont pas de câblage inné précis, mais plutôt un câblage inné aléatoire dont l'organisation répond à une loi d'adaptation hebbienne très générique. Les vecteurs préférés initiaux des cartes perceptuelles et motrices sont eux aussi aléatoires. Nous avons montré que malgré ces circuits très peu organisés dans le cerveau initial des individus, une structure spontanée, un code de la parole, pouvait se former dans la société des individus. L'idée mise ainsi en valeur est la facilité, plus grande qu'il ne peut y paraître, pour l'évolution de trouver un programme génétique qui permet à des individus de développer un code de la parole, dans le cas où cette capacité a une valeur adaptative directe. Les simulations montrent qu'il n'est pas forcément nécessaire d'explorer tout l'espace immense des programmes génétiques compliqués qui générerait des structures nerveuses complexes et innées comme celles proposées par les innéistes cognitifs. Au contraire, des petites manipulations de structures cérébrales très simples, comme les connexions aléatoires entre les cartes perceptuelles acoustiques et phonatoires par des liens adaptatifs selon une loi hebbienne, sont suffisantes. Le rôle fondamental des mécanismes du développement de l'individu, c'est-à-dire son ontogenèse pour contraindre l'évolution phylogénétique, et *vice versa*, forme la base d'un champ de recherche nouveau et florissant, appelé « évo-dévo » (West-Eberhard, 2003 ; Carroll, 2005), et dans lequel viennent ainsi s'inscrire ces modèles de l'évolution de la parole.

Mais, justement, la facilité avec laquelle un code de la parole digital et partagé peut être généré dans une société d'individus avec ces capacités génériques permet non seulement de préciser le scénario fonctionnaliste, mais aussi et surtout d'en générer de nouveaux, comme nous allons maintenant le voir.


## *Exaptation : la parole, effet collatéral de l'imitation vocale adaptative ?*


Les interactions vocales sont extrêmement nombreuses et variées dans le monde animal. Ainsi, au côté de l'utilisation linguistique qu'en font les humains contemporains, un grand nombre d'autres fonctions sont associées aux vocalisations chez les animaux. Il est en particulier intéressant de remarquer qu'un certain nombre d'espèces sont dotées d'une grande plasticité vocale (voir figure 9.1), tant du point de vue auditif que moteur, mais n'ont pas de langage naturel, c'est-à-dire qu'elles n'utilisent pas les vocalisations comme formes symboliques associées arbitrairement et culturellement à des catégories sémantiques[1]. Cette plasticité vocale est typiquement associée à des capacités d'imitation adaptative (Mercado *et al.*, 2005 ; Caldwell et Whiten, 2002), comme chez un certain nombre d'espèces d'oiseaux (Marler *et al.*, 2004 ; Kelley *et al.*, 2008) et de cétacés (Frankel, 1998 ; Handel *et al.*, 2009) capables d'apprendre et de répéter les vocalisations de leurs congénères, voire les sons d'autres espèces ou de leur environnement physique (Kelley *et al.*, 2005). Les répertoires de sons et de chants de ces espèces dotées de cette capacité d'imitation adaptative sont aussi souvent combinatoriaux et caractérisés par des règles de syntaxe (Balaban, 1988 ; Frankel, 1998), comme l'illustre la figure 9.2, donc partageant certaines propriétés essentielles avec la parole humaine. Bien qu'il n'y ait pas encore de consensus dans la communauté scientifique pour expliquer les fonctions de ces capacités d'imitation et d'apprentissage vocal, ainsi que les fonctions de ces structures combinatoriales et syntaxiques, de nombreuses hypothèses ont été proposées et sont très différentes de la communication linguistique. Ainsi, ces capacités pourraient être utiles aux individus

**Figure 9.1.** La baleine à bosse et le bruant des marais sont deux espèces animales dotées de capacités d'imitation vocale adaptative. Leurs chants varient d'un groupe à l'autre et sont structurés autour de la réutilisation d'un répertoire de notes élémentaires qui est propre à chaque groupe. (Photos Dr Louis M. Herman/NOAA et H. Stephen Kerr.)

---

1. Plusieurs espèces ont un répertoire fixe de cris d'alarme, permettant par exemple de prévenir de l'arrivée d'un danger, mais ces systèmes ne sont ni adaptatifs ni à proprement parler linguistiques.

pour trouver des partenaires sexuels en montrant leur « savoir-faire » vocal, pour marquer leur affiliation au groupe qui partage les mêmes vocalisations et augmenter la cohésion sociale, pour marquer leur territoire vis-à-vis de concurrents ou d'autres espèces, ou encore pour produire des sons qui éloignent leurs prédateurs (Kelley *et al.*, 2005).

Or les mécanismes des modèles de la morphogenèse de la parole que nous avons étudiés correspondent à peu près au « kit neuronal » élémentaire pour réaliser toute fonction d'imitation adaptative. Il est ainsi difficile d'imaginer des mécanismes plus simples qui permettraient à un individu d'apprendre à répéter les vocalisations de ses congénères. Ainsi, naturellement, nous pouvons former l'hypothèse que des structures neuronales plastiques analogues pourraient avoir évolué chez l'homme pour l'imitation vocale adaptative, et sous une pression fonctionnelle similaire à celles mentionnées ci-dessus pour certaines espèces d'oiseaux et de cétacés. Et ainsi, les propriétés de combinatorialité et les règles syntactiques de la parole, de même que la capacité de catégorisation des sons, pourraient avoir été générées comme un effet collatéral et auto-organisé de l'imitation vocale adaptative. Une utilisation *a posteriori* pour le langage de ces structures combinatoriales des vocalisations peut alors être imaginée. Dans ce contexte, les systèmes de vocalisations combinatoriaux, syntaxiques et partagés culturellement seraient ainsi des exaptations.

Aussi, les modèles de la formation de systèmes de parole que nous avons étudiés ouvrent une perspective stimulante sur la compréhension de la morphogenèse des systèmes de vocalisations chez les espèces animales dotées de la capacité d'imitation adaptative. En effet, la présence chez ces animaux de structures syntaxiques basées sur la réutilisation systématique de notes élémentaires, l'équivalent du codage phonémique, reste encore en grande partie un mystère. Les fonctions qu'on attribue à ces chants pourraient en effet le plus souvent être réalisées avec des structures de vocalisations plus simples. Or les modèles que nous avons étudiés, dont la transposition à d'autres appareils vocaux ne pose en principe pas de difficulté majeure, suggèrent que ces structures syntaxiques et combinatoriales pourraient être un effet collatéral spontané des structures élémentaires de l'imitation adaptative. Ainsi, ces modèles ouvrent des hypothèses nouvelles sur la manière dont des systèmes de chants digitaux et combinatoriaux peuvent être auto-organisés dans un groupe d'oiseaux ou des cétacés, et en même temps varier et évoluer entre les groupes d'individus.

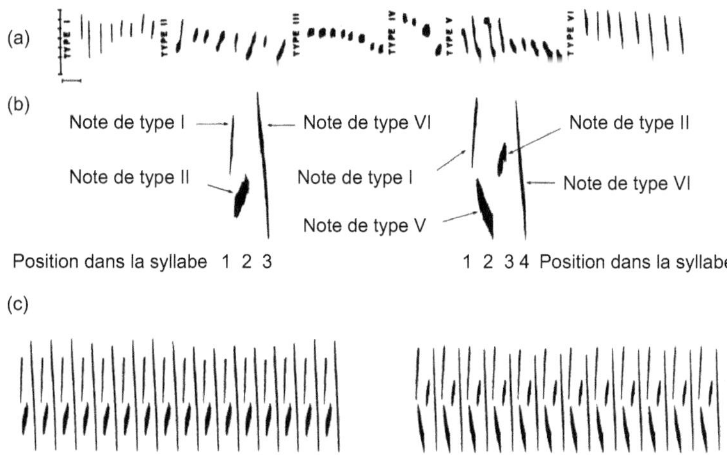


**Figure 9.2.** Le chant de l'espèce d'oiseau nommée « bruant des marais ». Sur la ligne (a), quelques exemples d'unités acoustiques (notes) qui sont systématiquement réutilisées par ces oiseaux pour construire leurs chants. Sur la ligne (b), quelques exemples de groupements de notes, parfois appelés syllabes, qui sont eux-mêmes systématiquement réutilisés pour construire les chants. La construction de ces syllabes est contrainte par des règles « phonotactiques » qui varient culturellement. Ainsi, les oiseaux d'une zone géographique particulière ont des préférences pour certaines catégories de notes à certains emplacements de leurs syllabes. Sur la ligne (c), deux exemples de chants d'un bruant des marais. Ainsi, il y a une très grande similarité de structure entre les vocalisations de ces oiseaux et celles des humains, caractérisées par la digitalité, la combinatorialité, des règles de syntaxe et un partage culturel. Une hypothèse est ainsi que ces deux systèmes pourraient avoir une origine évolutionnaire similaire, basée sur la capacité d'imitation vocale adaptative, au départ indépendante du langage. Les modèles informatiques présentés aux chapitres précédents pourraient ainsi en principe s'appliquer à la morphogenèse de tels systèmes de vocalisations chez les espèces animales dotées de la capacité d'imitation adaptative. Ces modèles ouvrent ainsi une vision nouvelle sur la manière dont des systèmes de chants digitaux et combinatoriaux peuvent être auto-organisés dans un groupe d'individus (e.g. des oiseaux ou des cétacés), et en même temps varier et évoluer entre les groupes d'individus. (Adapté de Balaban, 1988.)

# Motivations intrinsèques :
## exploration spontanée et curiosité

Dans le scénario exaptationniste que nous venons de décrire, reposant sur l'imitation adaptative, il est possible d'imaginer que le babillage vocal systématique nécessaire à l'apprentissage des correspondances perceptuo-motrices soit le résultat d'un processus biologique *ad hoc* et spécifique. Cependant, l'exploration vocale, en particulier telle qu'elle est pratiquée chez les nourrissons humains dans les premiers mois, a certaines similarités avec l'exploration du corps dans son ensemble, à tel point qu'on parle souvent de babillage corporel (*body babbling*). De la même manière que les nourrissons explorent les conséquences auditives et proprioceptives des mouvements de leur conduit vocal, ils explorent spontanément, et avec une systématicité bien plus grande que les autres animaux, comment les mouvements de leurs bras ou de leurs jambes provoquent des changements visuels, des stimuli proprioceptifs ou même gustatifs quand ils les portent à la bouche, ou des effets sur les objets physiques dans leur entourage. Plutôt que d'imaginer des mécanismes *ad hoc* pour l'exploration et l'apprentissage de chaque modalité, pourrait-on expliquer le babillage vocal, si crucial pour l'origine de la parole, à partir de mécanismes d'exploration du corps qui ne sont pas spécifiques à la modalité vocale ? C'est l'hypothèse que nous explorons ici. Nous allons voir que certains mécanismes de motivations intrinsèques pourraient permettre de générer spontanément des structures d'exploration et d'interaction vocale chez un individu selon les mêmes mécanismes que ceux avec lesquels il découvre comment utiliser ses bras ou ses jambes pour interagir avec le monde physique.

## MOTIVATIONS INTRINSÈQUES EN PSYCHOLOGIE

Les humains, et les nourrissons en particulier, consacrent une partie importante de leur temps à explorer spontanément leur corps et leur environnement. De nombreuses instances de ces comportements d'exploration ne peuvent être expliquées par des motivations pour satisfaire des besoins physiologiques comme la faim, le contact physique et social avec ses pairs, ou le maintien de l'intégrité physique. De nombreux travaux en psychologie (White, 1959 ; Berlyne, 1960 ; Deci et Ryan, 1985) ont identifié d'autres mécanismes de motivation, qui poussent enfants comme adultes à explorer des activités pour le seul plaisir intrinsèque d'apprendre, de découvrir la nouveauté ou d'augmenter ses capacités de contrôle et d'autodétermination de son corps et de son environnement. C'est ce qu'on appelle les « motivations intrinsèques », dont peuvent résulter des comportements qu'on appelle, dans le langage courant, « curiosité ». Les motivations intrinsèques guident ainsi l'exploration spontanée, mais jouent aussi un rôle dans la modulation des mécanismes cérébraux d'apprentissage, associant des affects positifs à l'apprentissage même. Ces mécanismes sont au centre de nombreux travaux en sciences de l'éducation, ou l'équilibre entre motivations intrinsèques et extrinsèques peut avoir un rôle déterminant sur le développement cognitif (Bruner, 1962 ; Cameron et Pierce, 2002). En psychologie, de nombreux travaux ont étudié les propriétés précises des situations et des activités que notre cerveau trouve « intéressantes » et intrinsèquement motivantes (Kaplan et Oudeyer, 2007). Bien qu'encore loin d'être entièrement comprises, les motivations intrinsèques semblent nous pousser à explorer les activités de complexité intermédiaire. Cette complexité intermédiaire peut correspondre à un niveau optimal de dissonance cognitive (Festinger, 1957), d'incongruité (Hunt, 1965), de nouveauté (Berlyne, 1960), de contrôle causal (White, 1959), d'autodétermination (Deci et Ryan, 1985) ou de difficulté d'un défi (Csikszenthmihalyi, 1991). Dans toutes ces approches, les activités et les stimuli qui sont les plus intéressants à explorer pour l'organisme sont ceux pour lesquels il y a une relation particulière entre des modèles prédictifs internes de leurs structures et les propriétés réelles de ces structures. Ainsi, ce qui est intéressant et attire notre curiosité ne l'est pas de manière absolue, mais relativement à nos connaissances et à nos savoir-faire à un moment donné.

Les circuits cérébraux associés aux comportements d'exploration spontanée et de curiosité sont encore mal connus, mais des travaux récents convergent vers l'identification de mécanismes associés aux motivations intrinsèques (Kaplan et Oudeyer, 2007). Panksepp a identifié dans le cerveau un corridor latéral hypothalamique, partant de l'aire tegmentale ventrale jusqu'au nucleus accumbens, et jouant un rôle central pour l'exploration spontanée (Panksepp, 1998). Ce système est aussi à un emplacement stratégique dans les circuits de la dopamine qui, sous de multiples formes de signaux phasiques ou toniques, semble jouer un rôle central dans le traitement et la réponse aux stimuli nouveaux ou aux erreurs de prédiction des récompenses (Schultz, 1998 ; Hooks et

Kalivas, 1994 ; Fiorillo, 2004). La dégénérescence de neurones dopaminergiques dans la maladie de Parkinson ne provoque pas uniquement des problèmes psychomoteurs, mais aussi une diminution des comportements d'exploration et de l'intérêt pour les tâches cognitives (Bernheimer *et al.*, 1973). À l'inverse, une excitation artificielle électrique ou chimique du système dopaminergique déclenche des comportements d'exploration et de curiosité chez les humains et les animaux (Panksepp, 1998).

Les motivations intrinsèques, en interaction avec l'ensemble des structures cérébrales et comportementales, forment un système dont la compréhension nécessite là aussi une modélisation opérationnelle et formelle, en complément de ces travaux en psychologie et en neurosciences. En particulier, il semble important de formuler plus précisément ce qu'on entend par complexité intermédiaire ou optimale. Comment le cerveau pourrait-il en pratique mesurer cette complexité intermédiaire ? Comment pourrait-il l'exploiter pour décider quelles expériences, quelles situations explorer ? Par ailleurs, si la psychologie et les neurosciences peuvent identifier certains patterns comportementaux ou neuronaux pendant une expérience intrinsèquement motivante chez un individu, quel peut être le rôle des motivations intrinsèques sur la structuration à long terme des facultés sensori-motrices, cognitives et sociales ? C'est pour étudier ces questions que des modèles mathématiques et robotiques ont été élaborés ces dernières années, et ont généré des idées surprenantes.

## UN MODÈLE ROBOTIQUE DE CURIOSITÉ ARTIFICIELLE

La robotique développementale est un domaine de recherche qui s'intéresse aux mécanismes pouvant permettre à un individu incarné d'apprendre continuellement des savoir-faire et des connaissances tout au long de son développement, par lui-même ou en interaction sociale avec d'autres individus (Weng *et al.*, 2001 ; Oudeyer, 2011). En particulier, elle s'intéresse à la modélisation de plusieurs familles de contraintes développementales permettant de guider et de structurer l'apprentissage dans le monde réel. Parmi elles, par exemple, le rôle du corps et des organes sensori-moteurs qui grandissent progressivement, les synergies motrices, le rôle de l'attention et des émotions dans les interactions sociales, le rôle de l'imitation, les biais cognitifs qui facilitent certaines inférences, et enfin les systèmes de motivations extrinsèques et intrinsèques qui nous intéressent ici.

Ainsi, un certain nombre de modèles de mécanismes permettant l'exploration spontanée pour l'apprentissage de savoir-faire nouveaux ont été développés ces dernières années. Certains de ces travaux ont un objectif purement technologique, où il s'agit de permettre à des machines d'apprendre efficacement des tâches complexes, et sont fortement ancrés dans le domaine de l'inférence statistique et de l'apprentissage automatique (Fedorov, 1976 ; Schmidhuber, 1991 ; Schmidhuber, 2011 ; Barto *et al.*, 2004 ; Lopes et Oudeyer, 2010 ; Baranes et Oudeyer, 2012). D'autres, cependant, ont été développés comme des outils pour modéliser et mieux comprendre les phénomènes du développement de l'enfant (Oudeyer *et al.*, 2007 ; Kaplan et Oudeyer, 2007 ; Schembri *et al.*, 2007 ; Baldassarre, 2011). Ceux que nous allons présenter, et que nous avons développés en particulier avec Frédéric Kaplan et Clément Moulin-Frier, appartiennent à cette seconde perspective. Ils sont en même temps parmi les premiers modèles existants de curiosité artificielle à avoir été implanté sur des robots et permettant l'apprentissage et le développement progressif de savoir-faire moteurs nouveaux et variés.

Le premier modèle est le système IAC (Intelligent Adaptive Curiosity) (Oudeyer *et al.*, 2007 ; Oudeyer et Kaplan, 2006 ; Kaplan et Oudeyer, 2007). L'idée principale de ce système est de pousser un robot à explorer des actions qui lui procurent le maximum de progrès en apprentissage, c'est-à-dire pour lesquelles ses prédictions des effets de ces actions s'améliorent le plus vite[1]. Ce que le robot va trouver intéressant, et donc la notion de complexité optimale, correspond donc ici aux situations pour lesquelles ses erreurs en prédiction vont diminuer le plus vite : ainsi, il va éviter les situations familières et triviales, et également les situations trop complexes pour lui à un moment donné de son développement. Et, comme nous allons le voir, cela va l'amener à explorer progressivement des activités de complexité croissante.

Cela requiert à la fois des capacités d'apprentissage, de métacognition et de sélection de l'action. Ainsi, cette architecture est composée principalement de trois niveaux, illustrés sur la figure 9.3. D'abord, un module d'apprentissage M permet au robot

---

1. C'est une idée qui a par ailleurs aussi été explorée d'un point de vue théorique par Schmidhuber à partir des années 1990 (Schmidhuber, 1991).

d'apprendre à prédire les effets de ses actions en fonction du contexte dans lequel il se trouve. Pour cela, chaque fois qu'il fait une action dans un contexte donné et observe son effet, il collecte cette donnée et s'en sert pour mettre à jour un modèle interne prédictif. La mise à jour de ce modèle consiste à détecter des régularités statistiques dans les données que le robot observe, lui permettant de prédire mieux par la suite les conséquences d'actions similaires en interpolant ou en extrapolant.

Ensuite, un second module metaM va permettre au robot d'autoévaluer ses propres capacités de prédictions (du module M), ainsi que leur évolution, en fonction de différents types d'actions et de contextes. C'est donc une forme de métacognition. Pour cela, chaque fois que le module M fait une prédiction et observe ensuite l'effet réel de l'action expérimentée par le robot, l'erreur en prédiction est calculée comme la différence entre les valeurs prédites et les valeurs observées. Pour une catégorie d'actions et de contextes donnés, le module metaM va ainsi collecter les erreurs en prédictions successives, détecter les régularités de son évolution, et ainsi être capable d'évaluer à quel point cette catégorie d'actions et de contextes lui permet de progresser en apprentissage (donc de diminuer ses erreurs). L'organisation des actions et des contextes selon des catégories, représentés dans des espaces continus de grande dimension, n'est pas fournie au départ au robot. Le module metaM va ainsi progressivement découper l'espace sensori-moteur en de telles catégories, en commençant par des catégories très grossières et en coupant progressivement celles correspondant à des actions et à des contextes que le robot explore le plus. Un mécanisme possible pour déterminer ces frontières est justement la maximisation de la différence d'évolution des erreurs en prédiction entre deux catégories connexes (Baranes et Oudeyer, 2013).

Enfin, un module de sélection de l'action va déterminer la stratégie d'exploration du robot en fonction des informations fournies par metaM. Ce module va pousser le robot à choisir le plus souvent d'explorer des actions et des situations correspondant aux catégories pour lesquelles il fait le plus de progrès en apprentissage. On peut appeler ces situations, qui fournissent beaucoup de progrès en apprentissage, des « niches de progrès » (Kaplan et Oudeyer, 2007). Pour garder la possibilité de découvrir de nouvelles niches de progrès, ce module va également pousser le robot à explorer, dans une petite proportion de son temps, d'autres catégories d'action et selon un mode en grande partie aléatoire.

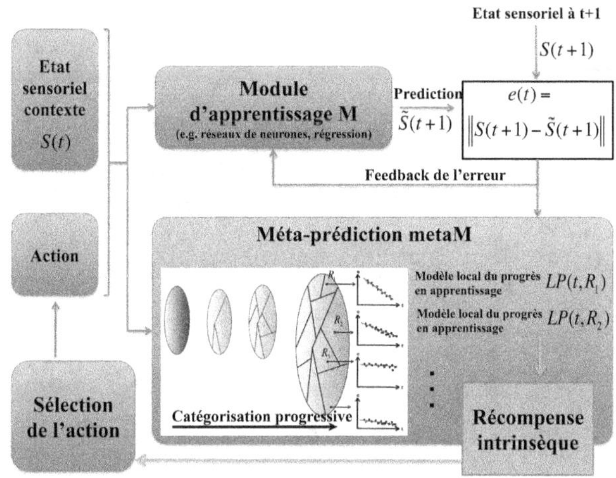


**Figure 9.3.** Architecture du modèle robotique de curiosité artificielle IAC (Oudeyer *et al.*, 2007).

## DE L'APPRENTISSAGE SENSORI-MOTEUR À LA DÉCOUVERTE DE LA COMMUNICATION VOCALE

L'expérience du Playground a permis d'étudier certaines propriétés d'un tel système robotique doté d'un mécanisme de motivation intrinsèque (Oudeyer et Kaplan, 2006 ; Kaplan et Oudeyer, 2007). Dans cette expérience, un robot AIBO est doté de l'architecture d'exploration et d'apprentissage IAC, ainsi que de primitives motrices et sensorielles, et il est placé dans un environnement dans lequel plusieurs objets, ainsi qu'un autre robot, sont disposés (voir la figure 9.4).

Les primitives motrices dont il est doté au départ sont des briques élémentaires qui lui permettent de générer des mouvements, en les paramétrant et en les combinant. D'un point de vue mathématique, chaque primitive est un système dynamique générant des mouvements structurés, dont les paramètres permettent de faire varier les formes. Le robot a ainsi dans son répertoire une primitive motrice lui permettant de tourner la tête selon des angles variés, de produire un mouvement de la jambe selon des angles et forces variées, de se baisser en ouvrant la bouche selon des hauteurs et des timings différents, et enfin de produire des vocalisations selon des fréquences fondamentales et des durées elles aussi contrôlables continûment par le robot. Ces primitives motrices permettent de contraindre les mouvements que le robot va pouvoir

**Figure 9.4.** L'expérience du Playground réalisée au Sony Computer Science Lab à Paris (Oudeyer et Kaplan, 2006). Le robot au centre explore et apprend, par babillage adaptatif, et selon une forme de curiosité artificielle, les effets que ses mouvements produisent sur son environnement. Il construit ses mouvements à partir d'un répertoire de primitives motrices, briques de Lego qu'il peut assembler et faire varier continûment (et lui permettant par exemple de faire bouger ses jambes, sa tête, sa mâchoire, ainsi que de produire des vocalisations). Il observe les effets avec un répertoire de primitives sensorielles, qui lui permettent de mesurer le mouvement, certains éléments de proprioception (par exemple s'il a attrapé quelque chose dans la bouche), ou encore de mesurer des caractéristiques des sons qu'il entend. Son architecture cognitive est celle qui est présentée sur la figure 9.3.

explorer, tout en apportant une structure qui va lui permettre de produire des effets variés et contrôlables sur son environnement. De nombreux animaux sont d'ailleurs aussi dotés de telles primitives motrices, par exemple des générateurs de patterns centraux, qui facilitent l'acquisition de savoir-faire moteurs (Flash et Hochner, 2005). Cependant, bien qu'il y ait cette structure, le robot ne connaît pas au départ la sémantique de ces primitives, c'est-à-dire qu'il ne sait pas quels effets elles peuvent produire sur son environnement, et ce en fonction de leurs paramètres ou de leur combinaison.

Il va ainsi mesurer ces effets grâce à un répertoire de primitives sensorielles. Ces primitives sensorielles sont ici des structures qui permettent au robot de mesurer le mouvement qu'il peut percevoir grâce à un capteur de distance infrarouge (positionné sur sa tête), ainsi que des éléments visuels saillants avec sa caméra (certains patterns visuels), de détecter s'il a quelque chose dans la bouche avec un capteur proprioceptif, et enfin de mesurer la fré-

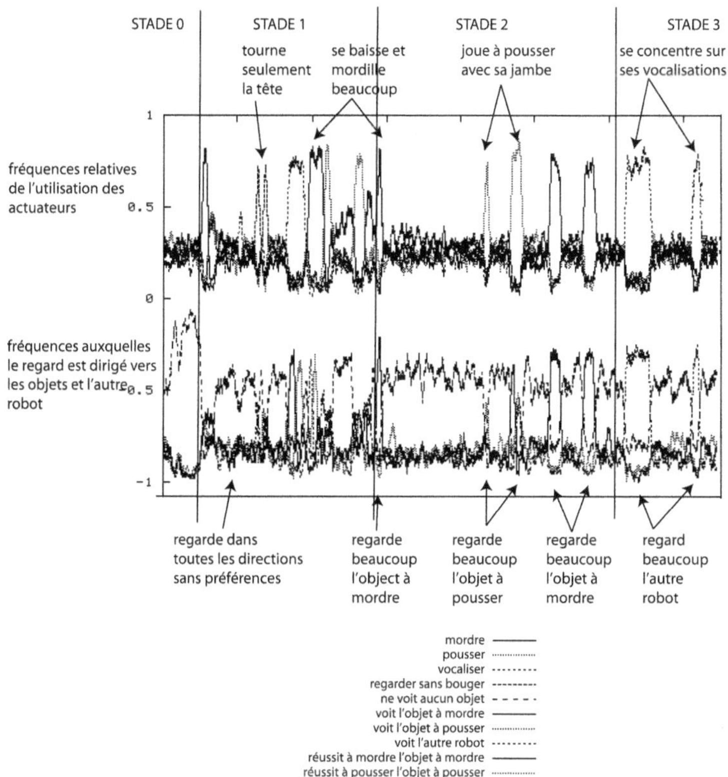



**Figure 9.5.** Mesures de l'évolution du comportement du robot développemental dans l'expérience du Playground. Plusieurs phases apparaissent spontanément, comme le résultat de l'interaction dynamique entre le mécanisme de curiosité, l'apprentissage, le corps du robot et son environnement. Ces phases apparaissent selon un ordre caractérisé par une croissance de l'organisation et de la complexité des activités sensori-motrices que le robot explore.

quence et la durée des sons qu'il entend dans son environnement. Comme pour les primitives motrices, le robot ne connaît pas au départ la sémantique de ces primitives sensorielles. Pour lui, elles ne fournissent que des nombres. Ainsi, le robot ne connaît pas les relations potentielles entre certaines primitives sensorielles, certaines primitives motrices et l'environnement. Or l'environnement est tel qu'il y a une structure qu'il va devoir découvrir. Par exemple, un objet devant lui peut être attrapé avec sa bouche, ce qu'il peut mesurer avec sa primitive sensorielle de proprioception. Un objet sur sa gauche est trop loin pour être attrapé, mais peut être poussé de diverses manières avec la jambe, ce que le robot ne peut observer que si au même moment il regarde l'objet, tournant son capteur infrarouge dans cette direction. Sur sa droite, un robot « adulte » est programmé pour imiter les vocalisations du robot développemental quand ce dernier vocalise et regarde en même temps l'autre robot.

Des expériences ont ainsi été réalisées, et ont non seulement montré comment dans ce contexte le robot pouvait acquérir des savoir-faire variés, lui permettant de manipuler les différents objets de son environnement, mais aussi comment une organisation spontanée de son développement, l'amenant à l'exploration des interactions vocales, pouvait se former. La figure 9.5 illustre un comportement typique d'une expérimentation. Les courbes du haut mesurent la fréquence de l'utilisation de chaque primitive motrice, et les courbes du bas permettent d'observer dans quel contexte perceptuel elles sont utilisées. On observe ainsi la formation de plusieurs phases. Après une première phase d'exploration aléatoire (phase 0), le robot commence à effectuer de manière systématique des séries d'actions répétées (frapper, mordre), mais dans des directions de l'environnement ou il n'y a pas forcément d'objets sur lesquels elles produisent des effets (phase 1). Puis dans un second temps (phase 2), il commence à explorer systématiquement certaines primitives motrices en direction de zones particulières de l'environnement. En particulier, il explore la primitive motrice faisant bouger la jambe en direction de l'objet qui est « frappable », et il explore des variations de la primitive motrice lui permettant de saisir quelque chose en direction de l'objet « mordable ». Ainsi, le robot découvre et apprend ce qu'on appelle des affordances : des relations spécifiques entre des actions motrices et les effets qu'elles produisent sur des objets particuliers. La production sonore, explorée dans les deux premières phases au même titre que les mouvements du corps, est d'abord réduite au profit de l'interaction avec les objets physiques qui donne des résultats plus immédiats en termes de réduction d'erreur en prédiction. En effet, lors des interactions sonores, le son émis par le robot est déformé quand l'autre robot l'imite. Cet effet est déterministe mais plus difficile à prédire et à apprendre, du moins dans un premier temps. Ce n'est qu'une fois l'interaction avec les objets maîtrisée que le robot commence à réémettre des sons, cette fois en regardant systématiquement l'autre robot qui l'imite (phase 3). Il se consacre alors presque exclusivement à ces interactions vocales, dont il apprend les rudiments.

Chaque fois que cette expérience est répétée, une trajectoire développementale unique est générée. Cependant, un même type de structuration globale se retrouve dans la majorité d'entre elles : par exemple, l'exploration systématique de l'« attrapage » de l'objet attrapable avec la bouche a souvent lieu avant l'exploration des effets que provoque la jambe sur l'objet « frappable », qui elle-même a souvent lieu avant l'exploration systématique de vocalisations en direction de l'autre robot. Le robot explore ainsi d'abord les activités sensori-motrices les plus simples pour se concentrer progressivement sur les situations les plus difficiles en termes de progrès en prédiction.

Une trajectoire particulière n'est pas entièrement déterminée par les algorithmes qui contrôlent le robot. Elle n'est pas non plus la conséquence directe des opportunités présentes dans l'environnement. Elle résulte de l'interaction dynamique entre un système d'apprentissage et d'exploration active, un corps robotique particulier et un environnement structuré.

Par ailleurs, un élément saillant de cette expérimentation est le fait que le robot se met à babiller vocalement, explorant les effets de ses vocalisations sur l'autre robot, selon exactement le même mécanisme que celui qui l'a auparavant mené à découvrir et à apprendre les effets que produisent les mouvements de son corps sur les objets physiques. Ainsi, dans une telle architecture, le babillage vocal systématique, que nous supposons dans les modèles de formation de la parole présentés dans ce livre, n'est pas le résultat d'un mécanisme *ad hoc* et spécifique à la parole : il apparaît spontanément comme un effet collatéral des mécanismes d'exploration active et d'apprentissage des effets sur l'environnement que produisent les mouvements du corps. Le babillage vocal n'est donc ici qu'un cas particulier du babillage corporel en général.

Par ailleurs, comme nous l'avons argumenté avec Frédéric Kaplan (Oudeyer *et al.*, 2007 ; Kaplan et Oudeyer, 2008), le mécanisme de catégorisation interne, permettant de distinguer les activités sensori-motrices en fonction de leur degré de prédictibilité et d'apprenabilité, peut permettre au robot de former des abstractions internes organisées en complément de l'acquisition de savoir-faire. En effet, ce mécanisme peut mener naturellement le robot à distinguer des stimuli correspondant à son corps – le « soi » – (e.g. sa main qui bouge dans son champ visuel, très prédictible et contrôlable) des stimuli correspondants à des objets physiques externes (e.g. un objet qu'on peut faire bouger dans certaines conditions, prédictible mais moins que son propre corps), et enfin des stimuli correspondants à des entités externes particulières – les

« autres » – (qui bien que structurés, sont moins prédictibles et contrôlables que les objets physiques).

## AUTO-ORGANISATION DU BABILLAGE VOCAL

L'expérience du Playground a permis d'étudier comment des mécanismes d'exploration active, avec les motivations intrinsèques, pouvaient auto-organiser des trajectoires développementales globales et multimodales partageant des propriétés qualitatives avec la formation d'étapes développementales chez l'enfant humain[1]. Chez le nourrisson, la structuration du développement a également lieu dans le contexte de chaque modalité, comme celle caractérisant l'exploration vocale. Ainsi, lors de ses premiers mois, le nourrisson explore progressivement des structures articulatoires et sonores, allant du contrôle de la fréquence fondamentale avec la glotte et la gorge à l'exploration de sons voyelles variés et enfin à la production de syllabes répétées au stade du babillage canonique,

| Stades | Âge (en mois) | Type |
|---|---|---|
| Stade 1 : Phonation | 0-1 | Voyelles, consonnes, sons sous-glottaux et phonation avec la bouche fermée |
| Stade 2 : Le stade « Goo » | 2-3 | Consonnes vélaires (/k/ et /g/) |
| Stade 3 : Expansion | 4-6 | Voyelles marquées, trills bilabiaux, « squeals » et « growling » |
| Stade 4 : Babillage canonique | 7-10 | Combinaisons consonnes-voyelles avec patterns, babillage redupliqué (mama) et non redupliqué (ada) |
| Stade 5 : Babillage varié | 11-12 | Babillage avec variations (bada), contrôle de l'intonation |

**Figure 9.6.** Phases du développement des vocalisations chez le nourrisson, d'après Oller (Oller, 2000).

---

1. Une comparaison avec les étapes développementales chez l'enfant est présentée dans Oudeyer *et al.* (2007) et Kaplan et Oudeyer (2007).

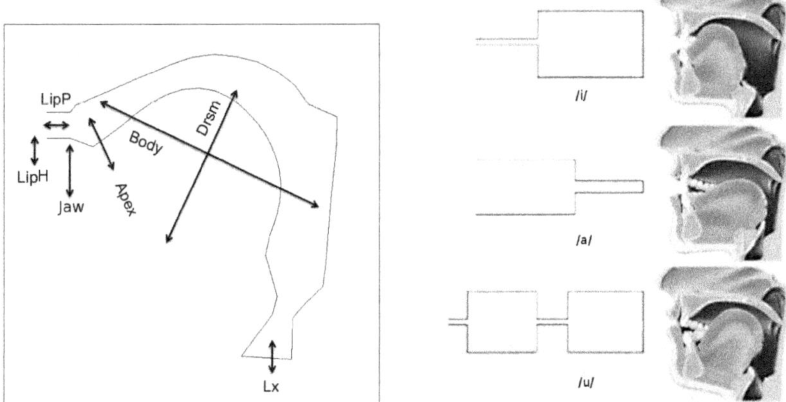


**Figure 9.7.** (a) : Les sept paramètres articulatoires du modèle VLAM. Les lèvres sont à gauche, les cordes vocales en bas à droite. La mâchoire (Jaw) contrôle l'ouverture globale du conduit vocal. L'apex contrôle la position du bout de la langue. Le corps (Body) et le dos (Drsm) de la langue contrôlent respectivement les dimensions antérieures/postérieures et ouverte/fermée de langue. La hauteur des lèvres (LipH) contrôle l'ouverture labiale. La protrusion des lèvres (LipP) contrôle leur avancement. Lx contrôle la hauteur du larynx. (b) : Quelques configurations communes (droite) à côté de la représentation correspondante de la forme globale de la cavité orale (gauche). Cette dernière peut être approximée par une fonction d'aire. La production de la voyelle [i] correspond à une constriction serrée sur le devant du conduit vocal ; [a] à une constriction plus large à l'arrière, et [u] à une constriction serrée au milieu du conduit vocal et au niveau des lèvres. Le modèle VLAM a été développé initialement par Shinji Maeda, puis modifié et intégré au système VLAB par Louis-Jean Boë et une équipe du laboratoire GIPSA à l'Université de Grenoble (Jean-Luc Schwartz, Pierre Badin, Laurent Girin, Frédéric Berthommier et leurs étudiants).

comme l'a par exemple montré Oller (Oller, 2000) (voir figure 9.6). Les premières phases de ce développement vocal montrent une exploration vocale spontanée, encore largement indépendante de la communication linguistique, et mettant en œuvre des mécanismes internes d'exploration du corps et d'imitation des sons de l'environnement ambiant.

C'est ainsi qu'avec Clément Moulin-Frier, nous avons étudié comment des mécanismes d'exploration et d'apprentissage actif, dirigés par la pure recherche de gain en information et en contrôle sur son propre corps, pouvaient permettre de générer une organisation spécifique du développement vocal (Moulin-Frier et Oudeyer,

2012). Dans cette étude, un robot virtuel est doté du modèle articulatoire VLAM (Maeda, 1989 ; Boë, 1999), permettant de générer des représentations acoustiques correspondant à des mouvements du conduit vocal selon sept degrés de liberté, comme le détaillent les figures 9.7 et 9.8. Ce modèle est ici utilisé dans le cadre de la production de voyelles, perceptuellement représentées par les deux premiers formants ($F_1$ et $F'_2$ qui sont les pics du spectre de puis-

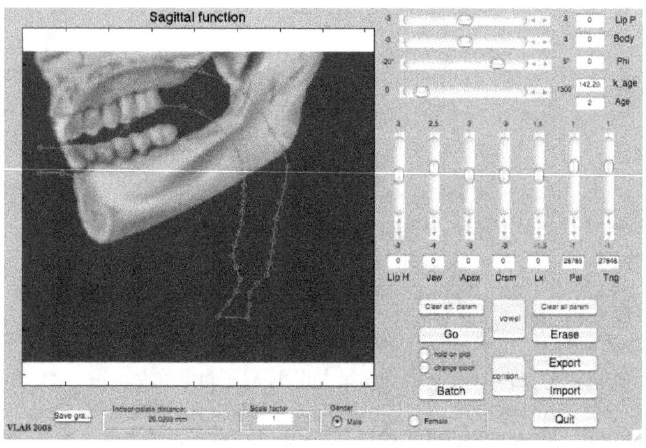

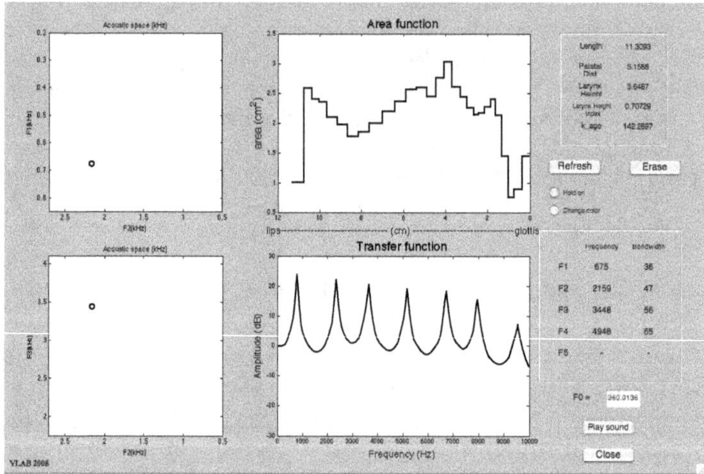

**Figure 9.8.** Le flux d'information dans VLAM. En haut, la partie articulatoire : une forme de conduit vocal est générée à partir des sept commandes articulatoires. En bas, la partie acoustique : à partir de la fonction d'aire (en haut à droite), le spectre de la fonction de transfert du conduit vocal est calculé (en bas à droite). Cela fournit la valeur des différents formants du son produit.

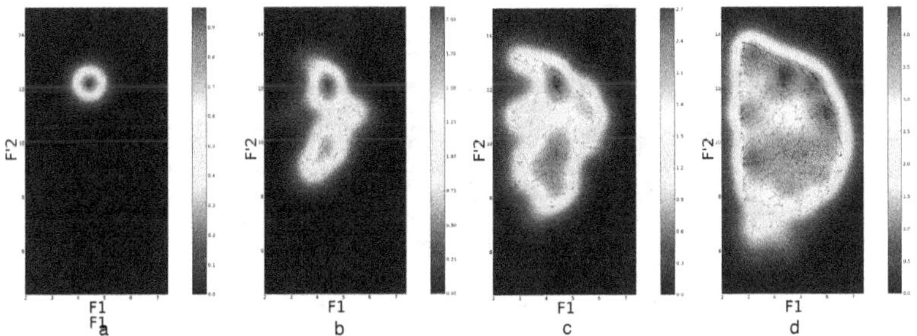



**Figure 9.9.** Évolution de la densité des sons explorés et produits par le robot dans l'espace des formants. On observe qu'au départ le robot produit plutôt des voyelles avec un second formant F′$_2$ élevé, correspondant à la langue en position avancée, et progressivement explore des voyelles avec un second formant plus petit, avec la langue qui recule. Cette tendance converge avec celle qui est observée chez le nourrisson. (Adapté de Moulin-Frier et Oudeyer, 2012.)

sance du son). Un robot est alors doté d'un mécanisme similaire au système IAC, mais dans lequel plutôt que de choisir activement de générer des programmes moteurs et d'observer leurs effets, le robot choisit plutôt des objectifs perceptuels – ici des sons voyelles – et va ensuite tenter de les atteindre en cherchant le programme moteur correspondant par essais-erreurs. Les objectifs qu'il va choisir sont ceux pour lesquels il évalue qu'il va faire le plus de progrès en compétence. C'est l'architecture SAGG-RIAC, qu'avec Adrien Baranes nous avons par ailleurs élaborée et expérimentée pour l'apprentissage de tâche comme la locomotion sur des robots avec de nombreux degrés de liberté (Baranes et Oudeyer, 2013).

Un exemple représentatif des résultats de ces expériences est illustré sur les figures 9.9 et 9.10. La figure 9.9 montre l'évolution de la densité des sons voyelles explorés au cours du développement vocal du robot, tandis que la figure 9.10 montre l'évolution correspondant à l'utilisation des articulateurs pour atteindre ces sons. On observe qu'au départ le robot produit plutôt des voyelles avec un second formant $F'_2$ élevé, correspondant à la langue en position avancée, et progressivement explore des voyelles avec un second formant plus petit, avec la langue qui recule. Cette tendance converge avec celle qui est observée chez le nourrisson. Plus globalement, la figure 9.10 montre la formation de structures, qui évoluent au cours du temps, dans lesquelles le robot explore préférentiellement l'utilisation de certains articulateurs à certains moments de son développement. Cela s'explique par le fait que

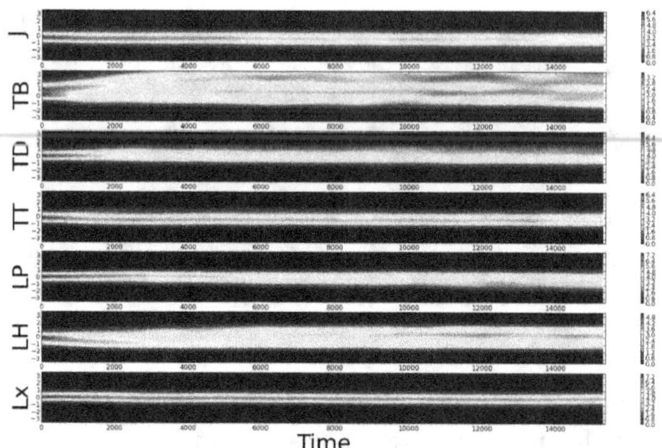

**Figure 9.10.** Évolution de l'utilisation des articulateurs utilisés au cours du développement vocal du robot. La valeur 0 sur l'axe des ordonnées correspond à la position neutre de VLAM. Des valeurs élevées de TB correspondent à une position arrière de la langue dans la bouche. Une valeur élevée de LH correspond aux lèvres en position ouverte. (Adapté de Moulin-Frier et Oudeyer, 2012.)

chaque articulateur a un impact différent pour atteindre un objectif acoustique donné : la même variation indépendante de deux articulateurs peut mener à une amplitude différente d'amélioration des performances. Ainsi, l'architecture d'exploration adaptative SAGG-RIAC va pousser le robot à explorer plus les variations de certains articulateurs que d'autres en fonction des objectifs perceptuels sur lesquels il se focalise à un moment donné de son développement. Il est également intéressant d'observer que les articulateurs les plus utilisés correspondent à un ensemble minimal nécessaire pour une production de l'ensemble des voyelles physiquement réalisables (Moulin-Frier *et al.*, 2012). À la fin de l'expérience, on observe que le robot a couvert et a appris cet ensemble des voyelles physiquement réalisables, que l'on appelle le triangle vocalique. Il a en même temps découvert quelles sont les limites acoustiques des sons qu'il peut produire avec son appareil vocal.

Bien que ce modèle fasse à l'heure actuelle abstraction de l'influence des sons de l'environnement de l'individu, mécanisme qui est d'une importance cruciale chez l'enfant, il renforce néanmoins l'hypothèse avancée par l'expérience du Playground : des mécanismes génériques d'exploration active du corps, dirigée par les motivations intrinsèques, pourraient avoir un rôle fondamental dans la morphogenèse de la parole. Or ces mécanismes, non spécifiques à la parole, peuvent trouver une origine évolutionnaire bien différente de celle du langage, de la parole, et même de l'imitation.

# CHAPITRE 10

# Construire pour comprendre

Comprendre les mécanismes qui ont permis à la parole d'apparaître chez les humains, voilà l'entreprise dans laquelle s'est inscrit ce livre. Comprendre, étymologiquement « saisir avec », c'est pouvoir manipuler avec son esprit ces mécanismes, en identifier les composants, en dérouler la logique. Mais quelle meilleure méthode, pour arriver à manipuler ces mécanismes avec son esprit, que de tenter d'abord de les manipuler avec son corps, de les « saisir avec sa main », et de jouer avec eux comme un enfant joue avec des bâtons et avec l'eau pour en découvrir le fonctionnement. Et pour les saisir de cette manière, les modèles informatiques et robotiques, qui permettent de construire et reconstruire ces mécanismes en jouant avec leurs composants comme avec des briques de Lego, peuvent ainsi avoir un rôle fondamental. Un rôle pour développer nos intuitions scientifiques sur les mécanismes extraordinairement complexes de l'évolution de la parole. Un rôle de langage scientifique nouveau, formel et constructif, pour exprimer les théories de la parole et du langage naturel en les ancrant dans leur substrat biologique et physique, pour les naturaliser. Un rôle pour formuler des hypothèses et des questions nouvelles, qui pourront nourrir la mise en place d'expériences et de recherches sur l'homme, les validant ou les invalidant. Construire pour comprendre, en expérimentant la morphogenèse de la parole *in silico*, et en interaction constante avec les sciences du vivant et les sciences humaines. Construire pour relier, relier les disciplines, relier les différentes facettes du système complexe que forment la parole et son évolution, relier avec des modèles non pas réductionnistes, mais systémiques : c'est l'approche que nous avons suivie.

La recherche sur les origines de la parole n'a que quelques décennies. Ainsi, en comparaison des défis immenses qui doivent être relevés, elle ne fait que commencer. Il reste encore un travail considérable de peuplement, d'organisation et de sélection dans l'espace des théories. La construction de modèles informatiques, en dialogue avec les autres méthodes des sciences de la parole et du vivant, est une manière de réaliser quelques pas dans cette direction.

Les systèmes artificiels que nous avons construits ont ainsi montré comment des structures vocales, partageant des propriétés cruciales avec les systèmes de parole humains, pouvaient se former spontanément dans une société d'individus dans laquelle ces structures n'étaient pas préprogrammées, et à partir de structures cérébrales et d'interactions très simples. Les individus, dans ces modèles, ne font pas même de différence entre les sons produits par les autres et leurs propres sons. Si la communication est définie comme étant l'émission d'un signal par un individu qui vise à modifier l'état interne ou le comportement d'un autre individu, alors dans ce sens les individus dans ces modèles ne communiquent pas. Il n'y a pas non plus de pression de communication qui pousserait les individus à former des répertoires de sons contrastés les uns avec les autres. Et pourtant, grâce aux propriétés d'auto-organisation du système complexe formé par le couplage neuronal entre les modalités perceptuelles et motrices dans chaque individu, et par le couplage des individus entre eux par le simple fait de les placer dans un environnement qui les fait s'entendre les uns les autres, les simulations ont montré qu'un système de vocalisations organisées apparaissait spontanément. Alors qu'au départ ils ne produisent que des vocalisations anarchiques, holistiques et inarticulées, ils produisent après quelques centaines d'interactions des vocalisations digitales, combinatoriales, avec des règles de syntaxe sonore, et conventionnalisées (tous les individus d'une même simulation partagent le même système de vocalisations à la fin, des individus de simulations différentes génèrent des systèmes différents). Les individus sont même sujets à des phénomènes d'illusions acoustiques formées et acquises culturellement, comme le sont les humains.

Ces modèles ont par ailleurs permis de montrer que l'existence des phonèmes et du codage phonémique n'est pas nécessairement due aux non-linéarités des correspondances entre les configurations motrices vocales et les sons qu'elles produisent. En effet, même quand les individus étaient dotés de conduits vocaux abstraits et linéaires, des vocalisations digitales et combinatoriales apparaissaient. Cela fournit une hypothèse alternative à la théorie quantale de la perception développée par Stevens (Stevens, 1972), ou à la théorie des régions distinctives de Carré et Mrayati (Carré et Mrayati, 1992). Plus loin encore que la formation même de phonèmes, ces modèles ont montré comment le jeu des interactions entre des circuits neuronaux au départ aléatoires, en compétition pour leur activation, pouvait générer spontanément des répertoires de vocalisations réguliers dont l'organisation suit des règles de syntaxe élémentaires.

Cependant, ces modèles ont aussi montré que la répartition statistique des phonèmes était fortement influencée par les propriétés du corps, c'est-à-dire par ces non-linéarités morpho-perceptuelles. En utilisant un modèle du conduit vocal et de la cochlée humaine, les simulations ont généré des systèmes de vocalisations avec des régularités similaires à celles des langues humaines, en particulier en ce qui concerne les voyelles. Cela illustre par ailleurs une opportunité fort intéressante permise par les modèles informatiques et robotiques : parce que ce sont des systèmes dans lesquels tous les composants des individus sont construits, il est possible de mettre en place des expériences dans lesquelles on peut faire varier à volonté et indépendamment les propriétés du corps ou du système nerveux. Ce type d'expérience, impossible à réaliser avec des êtres vivants, peut ainsi permettre de les désimbriquer et d'en comprendre les rôles respectifs. En particulier, le corps peut ainsi devenir une variable expérimentale, ce qui ouvre des perspectives épistémologiques fascinantes (Kaplan et Oudeyer, 2008).

On peut réellement dire que, dans ces modèles, les systèmes de vocalisations sont auto-organisés. Les propriétés qui caractérisent les composants dont sont dotés initialement les individus, ainsi que leurs interactions locales, sont qualitativement différentes de celles qui caractérisent la structure globale formée par le code de la parole. La dynamique du système illustre comment le même mécanisme peut former tout un ensemble de structures complexes qui composent le code de la parole à partir de présuppositions d'un ordre de complexité inférieur.

En replaçant la réflexion sur les origines des systèmes de vocalisations dans le contexte plus large de l'évolution des formes en biologie, et en menant ces expérimentations *in silico,* des cartes nouvelles apparaissent, qui nous montrent des chemins jusqu'alors inconnus pour remonter aux sources de la parole. Il existait déjà un certain nombre de propositions d'explications des structures de la parole qui reposaient sur une argumentation fonctionnaliste néodarwinienne classique. Lindblom (Lindblom, 1992) par exemple avait proposé que les régularités statistiques des répertoires de voyelles s'expliquaient en termes de compromis optimal entre distinctivité perceptuelle et coût énergétique, donc en termes d'efficacité pour communiquer. Studdert-Kennedy (Studdert-Kennedy, 1998) avait proposé que le codage phonémique permettait de transmettre les informations à un débit qui décuple le pouvoir de la communication, et donc qu'il résultait d'une adaptation pour communiquer plus efficacement. Mais, comme D'Arcy Thompson avait commencé à le montrer dans *On Growth and Form*, il ne suffit pas, pour comprendre l'évolution d'une forme biologique, d'identifier les critères adaptatifs qui ont permis leur sélection naturelle. Il est aussi nécessaire d'en comprendre les mécanismes de génération, les mécanismes de croissance et de morphogenèse. En effet, aux côtés des mécanismes de variations génétiques lors de la réplication des êtres vivants, les processus de développement ontogénétiques et sociaux de l'organisme contraignent et guident l'exploration de l'espace des formes. Tout comme dans les systèmes complexes inorganiques où des structures organisées se forment spontanément, les processus d'auto-organisation du système complexe formé par chaque organisme en développement ont un rôle central dans le monde organique : ils structurent l'évolution darwinienne des formes du vivant.

Ainsi, en explorant et en expérimentant de tels processus de morphogenèse et d'auto-organisation avec des modèles informatiques, plusieurs scénarios évolutionnaires se sont dessinés. Ces scénarios reposent sur l'explication de l'évolution de deux prérequis spécifiques et centraux de ces modèles, à partir desquels des codes de la parole se forment spontanément : les circuits neuronaux plastiques connectant les modalités motrices et perceptuelles de la parole, et le comportement de babillage, exploration systématique et spontanée de l'organe vocal. Ainsi, tout d'abord, il est possible que ces deux éléments aient évolué spécifiquement sous une pression de communication linguistique : il s'agit là du scénario adaptationniste classique de l'origine de la parole, que les mécanismes de morphogenèse simple et générique des modèles viennent compléter en montrant que les structures à « câbler » génétiquement n'ont pas besoin d'être aussi complexes qu'on pourrait l'imaginer.

Cependant, la généricité et la simplicité même de ces deux mécanismes permettent d'envisager deux scénarios exaptationnistes complémentaires, c'est-à-dire dans lesquels les premières structures de parole seraient apparues comme un effet collatéral et spontané de l'évolution de capacités indépendantes du langage. D'abord, tant les circuits neuronaux perceptuo-moteurs que le babillage correspondent au kit biologique élémentaire nécessaire pour la capacité d'imitation vocale adaptative, qui a pu évoluer pour des raisons indépendantes du langage comme c'est le cas chez plusieurs espèces animales, qui par ailleurs disposent aussi de vocalisations structurées.

Enfin, le babillage vocal pourrait être une conséquence naturelle du babillage corporel spontané, exploration intrinsèquement motivée du corps et de son environnement, dirigée par pure curiosité, par pur plaisir d'apprendre, et présente chez l'humain avec une ampleur unique. Le comportement d'interaction vocale lui-même, comme les expérimentations robotiques le suggèrent, pourrait apparaître comme l'une des structures développementales résultant spontanément des interactions dynamiques entre ces motivations intrinsèques, le système d'apprentissage, le corps du robot et son environnement physique et social. Et à partir de ces mécanismes développementaux, au départ non linguistiques, peut avoir lieu une morphogenèse de structures vocales digitales, combinatoriales et partagées entre les individus d'un même groupe. Aux sources de la parole est peut-être ainsi cette envie d'apprendre, qui est en nous et qui était chez nos ancêtres, cette force interne qui pousse les nourrissons à explorer leur corps, leur environnement physique et, progressivement, à découvrir les autres.

# Références

Aflalo T. N. et Graziano M. S. A. (2006), « Possible origins of the complex topographic organization of motor cortex : Reduction of a multidimensional space onto a two-dimensional array », *J. Neurosci.*, 26, p. 6288-6297.

Ameisen J.-C. (2000), *La Sculpture du vivant. Le suicide cellulaire ou la mort créatrice*, Paris, Seuil.

Andry P., Gaussier P., Moga S., Banquet J.-P., Nadel J. (2001), « Learning and communication in imitation : An autonomous robot perspective », *IEEE Transaction on Systems, Man and Cybernetics*, Part A : *Systems and Humans*, vol. 31, n° 5, p. 431-444.

Arbib M. (1995), *The Handbook of Brain Theory and Neural Networks*, Cambridge (MA), The MIT Press.

Ashby W. R. (1952), *Design for a Brain*, Chapman Hall.

Bachelard G. (1938), *La Formation de l'esprit scientifique*, Paris, Vrin.

Bailly G., Laboissière R. et Galván A. (1997), « Learning to speak : Speech production and sensory-motor representations », *in* Morasso P. et Sanguineti V. (éd.), *Self-Organization, Computational Maps and Motor Control*, Amsterdam, Elsevier, p. 593-615.

Balaban E. (1988), « Bird song syntax : Learned intraspecific variation is meaningful », *Proceedings of the National Academy of Sciences*, vol. 85, n° 10, p. 3657-3660.

Baldassarre G. (2011), « What are intrinsic motivations ? A biological perspective », *in Proceeding of the IEEE ICDL-EpiRob Joint Conference*.

Baldwin J. (1896), « A new factor in evolution », *American Naturalist*, 30, p. 441-451.

Ball P. (2001), *The Self-Made Tapestry, Pattern Formation in Nature*, Oxford University Press.

Baranes A., Oudeyer P.-Y. (2013), « Active learning of inverse models with intrinsically motivated goal exploration in robots », *Robotics and Autonomous Systems*, 61 (1), p. 49-73.

Baronchelli A., Loreto V. et Steels L. (2008), « In-depth analysis of the naming game dynamics : The homogeneous mixing case », *International Journal of Modern Physics C*, 19 (5), p. 785-812.

Barto A., Singh S., Chentanez N. (2004), « Intrinsically motivated learning of hierarchical collections of skills », *in Proc. 3rd Int. Conf. Development Learn.*, San Diego (CA), p. 112-119.

Berlyne D. (1960), *Conflict, Arousal and Curiosity*, New York, McGraw-Hill.

Berrah A.-R., Glotin H., Laboissière R., Bessière P., Boë L.-J. (1996), « From form to formation of phonetic structures : An evolutionary computing perspective », *in Proc. ICML 1996 Workshop on Evolutionary Computing and Machine Learning*, Bari, Italie, p. 23-29.

Berrah A. et R. Laboissière (1999), « SPECIES : An evolutionary model for the emergence of phonetic structures in an artificial society of speech agents », *Advances in Articial Life*, p. 674-678.

Bernard C. (1865/1945), *Introduction à l'étude de la médecine expérimentale*, Genève, Éditions du Cheval ailé.

Bernheimer H., Birkmayer W., Hornykiewicz O., Jellinger K., Seitelberger F. (1973), « Brain dopamine and the syndromes of Parkinson and Huntington : Clinical, morphological and neurochemical correlations », *J. Neurol. Sci.*, 20, p. 415-455.

Binmore K. (1992), *Fun and Games : A Text on Game Theory*, Lexington (MA), Heath.

Boë L.-J. (1999), « Vowel spaces of newly-born infants and adults consequences for ontogenesis and phylogenesis », *in* Ohala J. J., *14th International Congress of Phonetic Sciences*, p. 2501-2504.

Boë L.-J., Schwartz J. L., Vallée N. (1995), « The prediction of vowel systems : Perceptual contrast and stability », *in* Keller E. (éd.), *Fundamentals of Speech Synthesis and Recognition*, Chichester, John Wiley, p. 185-213.

de Boer B. (2001), *The Origins of Vowel Systems*, Oxford Linguistics, Oxford University Press.

Browman C. P. et Goldstein L. (1986), « Towards an articulatory phonology », *in* Ewan C. et Anderson J. (éd.), *Phonology Yearbook 3*, Cambridge, Cambridge University Press, p. 219-252.

Browman C. P. et Goldstein L. (2000), « Competing constraints on intergestural coordination and self-organization of phonological structures », *Bulletin de la communication parlée*, vol. 5, p. 25-34.

Bruner J. (1962), *On Knowing : Essays for the Left Hand*, Cambridge (MA), Harvard University Press.

Caldwell C. A., Whiten A. (2002), « Evolutionary perspectives on imitation : Is a comparative psychology of social learning possible ? », *Anim. Cogn.*, 5, p. 193-208.

Camazine S., Deneubourg J.-L., Franks N. R., Sneyd J., Theraulaz G., Bonabeau E. (2003), *Self-Organization in Biological Systems*, Princeton, Princeton University Press.

Cameron J. et Pierce W. (2002), *Rewards and Intrinsic Motivation : Resolving the Contoversy*, Bergin and Garvey Press.

Cangelosi A., Metta G., Sagerer G., Nolfi S., Nehaniv C. L., Fischer K., Tani J., Belpaeme B., Sandini G., Fadiga L., Wrede B., Rohlfing K., Tuci E., Dautenhahn K., Saunders J., Zeschel A. (2010), « Integration of action and language knowledge : A roadmap for developmental robotics », *IEEE Transactions on Autonomous Mental Development*, 2 (3), p. 167-195.

Carlson R., Granström B., Fant, G. (1970), « Some studies concerning perception of isolated vowels », *STL-QPSR*, 11 (2-3), p. 019-035.

Carré R., Mrayati M. (1992), « Distinctive regions in acoustic tubes. Speech production modeling », *Journal d'acoustique*, 5, p. 141-159.

Carroll S. B. (2005), *Endless Forms Most Beautiful : The New Science of Evo Devo and the Making of the Animal Kingdom*, Norton.

Chalmers A. (1991), *La Fabrication de la science*, Paris, La Découverte.

Changeux J.-P. (1983), *L'Homme neuronal*, Paris, Fayard.

Changeux J.-P., Courrège P., Danchin A. (1973), « A Theory of the epigenesis of neuronal networks by selective stabilization of synapses », *Proceedings of the National Academy of Sciences USA*, 70 (10), p. 2974-2978.

Chauvet G. (1995), *La Vie dans la matière. Le rôle de l'espace en biologie*, Flammarion, Nouvelle Bibliothèque scientifique.

Chomsky N. (1975), *Reflections on Language*, Pantheon.

Chomsky N. et Halle M. (1968), *The Sound Pattern of English*, New York, Harper Row.

Coppens Y., Picq P. (2001), *Aux origines de l'humanité*, tome 1 : *De l'apparition de la vie à l'homme moderne*, Paris, Fayard.

Coupé C. (2003), *De l'origine du langage à l'origine des langues : modélisations de l'émergence et de l'évolution des systèmes linguistiques*, thèse de doctorat en sciences cognitives, université Lyon-II.

Coupé C., Hombert J. M. (2005), « Polygenesis of linguistic strategies : a scenario for the emergence of language », *in* Minett J. et Wang W. S. (éd.), *Language Acquisition, Change and Emergence : Essays in Evolutionary Linguistics*, Hong Kong, City University of Hong Kong Press, p. 153-201.

Coupé C., Marsico E. et Pellegrino F. (2010), « Les systèmes sonores des langues comme systèmes complexes », *in* Weisbuch G. et Zwirn H. (éd.), *Qu'appelle-t-on aujourd'hui les sciences de la complexité ? Langages, réseaux, marchés, territoires*, Paris, Vuibert, p. 37-65.

Crothers J. (1978), « Typology and universals of vowels systems », *in* Greenberg J. H., Ferguson C. A., Moravcsik E. A. (éd.), *Universals in Human Language*, vol. 2 : *Phonology*, Stanford University Press, p. 93-152.

Csikszenthmihalyi M. (1991), *Flow, the Psychology of Optimal Experience*, New York, Harper Perennial.

D'Arcy Thompson (1917/1961), *On Growth and Form*, Cambridge University Press.

Darwin C. (1859/1999), *On the Origins of Species*, Signet Book.

Dayan P., Abbot L. F. (2001), *Theoretical Neuroscience : Computational and Mathematical Modeling of Neural Systems*, Cambridge (MA), The MIT Press.

Dawkins R. (1982), *The Extended Phenotype*, Oxford University Press.

Deci E. et Ryan R. (1985), *Intrinsic Motivation and Self-Determination in Human Behavior*, New York, Plenum.

Dessalles J. L. (2007), *Why We Talk : The Evolutionary Origins of Language*, Oxford University Press.

Dessalles J.-L., Ghadakpour, L. (2004), « La construction cognitive du temps », *in* Badariotti D. (éd.), *Le Temps dans les systèmes complexes naturels et artificiels. Actes des journées de Rochebrune*, Paris, ENST, 2004-S-001, p. 95-109.

Diehl R. L., Lotto A. J. et Holt L. L. (2004), « Speech perception », *Annual Review of Psychology*, 74, p. 431-461.

Dowek G. (2011), *Une deuxième révolution galiléenne ?*, https://who.rocq.inria.fr/Gilles.Dowek/galilee.pdf.

Duda R., Hart P., Stork D. (2000), *Pattern Classification*, Wiley Publishers.

Edelman, G. M. (1993), « Neural darwinism : Selection and re-entrant signaling in higher brain function », *Neuron*, 10, p. 115-125.

Einstein A. (1955), *The Meaning of Relativity*, Princeton University Press.

Einstein A., Infeld L. (1967), *The Evolution of Physics*, Simon and Schuster/Clarion Book.

Eldredge N., Gould S. J. (1972), « Punctuated equilibria : An alternative to phylogenetic gradualism », *in* T. J. M. Schopf (éd.), *Models in Paleobiology*, Doubleday.

Escudier P., Schwartz J.-L. (éd.) (2000), *La Parole. Des modèles cognitifs aux machines communicantes*, Hermès Sciences.

Fedorov V. (1972), *Theory of Optimal Experiment*, New York, Academic Press.

Fernando C., Vasas V., Szathmáry E., Husbands P. (2011), « Evolvable neuronal paths : A novel basis for information and search in the brain », *PLoS ONE*, 6 (8).

Festinger L. (1957), *A Theory of Cognitive Dissonance*, Evanston, Row, Peterson anc Company.

Feyerabend P. (1979), *Contre la méthode. Esquisse d'une théorie anarchiste de la connaissance*, Paris, Seuil.

Fiorillo C. D. (2004), « The uncertain nature of dopamine », *Mol. Psychiatry*, 9, p. 122-123.

Fitch T. W. (2011), « Unity and diversity in human language », *Phil. Trans. R. Soc. B*, vol. 366, n° 1563, p. 376-388.

Flash T., Hochner B. (2005), « Motor primitives in vertebrates and invertebrates », *Current Opinion in Neurobiology*, 15, p. 1-7.

Frankel A. S. (1998), « Sound production », *Encyclopedia of Marine Mammals*, p. 1126-1137.

Freeman W. J. (1978), « Spatial properties of an EEG event in the olfactory bulb and cortex », *Electroencephalogr. Clin. Neurophysiol.*, 44, p. 586-605.

French R. M., Messinger A. (1994), « Genes, phenes and the Baldwin effect : Learning and evolution in a simulated population », *in* Brooks R. A. et Maes P. (éd.), *Artificial Life IV : Proceedings of the Fourth International Workshop on the Synthesis and Simulation of Living Systems*, The MIT Press, p. 277-282.

Frisch K. von (1974), *Animal Architecture*, Londres, Hutchinson.

Gintis H., Alden E., Bowles S. (2001), « Costly signaling and cooperation », *Journal of Theoretical Biology*, 213, p. 103-119.

Glasersfeld E. (2001), « The radical constructivist view of science », *in* Riegler A. (éd.), *Foundations of Sciences*, vol. 6, n° 1-3, p. 31-43.

Gold E. (1967), « Language identification in the limit », *Information and Control*, 10, p. 447-474.

Goldstein L. (2003a), *Emergence of Discrete Gestures, Proceedings of the International Congress of Phonetics Sciences*, Barcelone.

Goldstein L. (2003b), *Introduction to Articulatory Phonology and the Gestural Computational Model*, http://www.haskins.yale-edu/research/gestural.html.

Gottlieb G. (1991), « Epigenetic systems view of human development », *Developmental Psychology*, 27 (1), p. 33-34.

Gould S. J. (1982), *Le Pouce du panda*, Paris, Grasset.

Gould S. J. (1997), « The exaptive excellence of spandrels as a term and prototype », *Proceedings of the National Academy of Science USA*, 94, p. 10750-10755.

Gould S. J. (2006), *La Structure de la théorie de l'évolution*, Paris, Gallimard, coll. « NRF Essais ».

Gould S. J., Vrba E. S. (1982), « Exaptation : A missing term in the science of form », *Paleobiology*, 8, p. 4-15.

Guenther F. H., Gjaja M. N. (1996), « The perceptual magnet effect as an emergent property of neural map formation », *Journal of the Acoustical Society of America*, 100, p. 1111-1121.

Guillaume P. (1925), *L'Imitation chez l'enfant*, Paris, Alcan.

Gumperz J. J. et Levinson S. C. (1996), « Introduction : Linguistic relativity re-examined », *in* Gumperz J. J., Levinson S. C. (éd.), *Rethinking Linguistic Relativity*, Cambridge, Cambridge University Press, p. 1-20.

Hagège C. (2006), *Combat pour le français. Au nom de la diversité des langues et des cultures*, Paris, Odile Jacob.

Handel S., Todd S. K., Zoidis A. M. (2009), « Rhythmic structure in humpback whale (*Megaptera novaeangliae*) songs : Preliminary implications for song production and perception », *J. Acoust. Soc. Am.*, juin, 125 (6), EL225-230.

Harnad S. (1990), « The symbol grounding problem », *Physica D*, vol. 42, p. 335-346.

Hinton G. E. et Nowlan S. J. (1987), « How learning can guide evolution », *Complex Systems*, 1 (1), p. 495-502.

Hombert J.-M. (éd.) (2005), *Aux origines des langues et du langage*, Paris, Fayard.

Hombert, J.-M. (2009), « La diversité culturelle de l'Afrique est menacée », *La Recherche*, 429, p. 36-39.

Hooks M., Kalivas P. (1994), « Involvement of dopamine and excitatory aminoacid transmission in novelty-induced motor activity », *J. Pharmacol Exp. Ther.*, 269, p. 976-988.

Howard I. et Messum P. (2011), « Modeling the development of pronunciation in infant speech acquisition », *Motor Control*, vol. 15 (1), p. 85-117.

Hunt J. M. (1965), « Intrinsic motivation and its role in psychological developpement », *Nebraska Symposium on Motivation*, 13, p. 189-282.

Hurford J., Studdert-Kennedy M., Knight C. (1998), *Approaches to the Evolution of Language*, Cambridge, Cambridge University Press.

Johnson M. H. (2011), *Developmental Cognitive Neuroscience*, John Wiley and Sons, 3ᵉ édition.

Kandel E. R., Schwartz J. H., Jessell T. M. (2000), *Principles of Neural Science*, McGraw-Hill/Appleton and Lange.

Kaneko K., Tsuda I. (2000), *Complex Systems : Chaos and Beyond. A Constructive Approach with Applications in Life Sciences*, Springer.

Kaplan F. (2001), *La Naissance d'une langue chez les robots*, Hermes Science.

Kaplan F., Oudeyer P.-Y. (2007), « In search of the neural circuits of intrinsic motivation », *Frontiers in Neuroscience*, 1 (1), p. 225-236.

Kaplan F., Oudeyer P.-Y. (2008), « Le corps comme variable expérimentale », *Revue philosophique de la France et de l'étranger*, p. 287-298.

Kaplan F., Oudeyer P.-Y., Bergen B. (2008), « Computational models in the debate over language learnability », *Infant and Child development*, 17 (1), p. 55-80.

Kauffman S. (1996), *At Home in the Universe : The Search for Laws of Self-Organization and Complexity*, Oxford University Press.

Keefe A., Szostak J. (2001), « Functional proteins from a random-sequence library », *Nature*, 410, p. 715-718.

Kelley L. A., Coe R. L., Madden J. R., Healy S. D. (2008), « Vocal mimicry in songbirds », *Animal Behaviour*, 76 (3), p. 521-528.

Kirby S. (1998), « Syntax without natural selection : How compositionality emerges from vocabulary in a population of learners », *in* Hurford J., Studdert-Kennedy M., Knight C. (éd.), *Approaches to the Evolution of Language*, Cambridge, Cambridge University Press.

Kirby S., Hurford J. (2002), « The emergence of linguistic Structure : An overview of the iterated learning model », *in* Cangelosi A., Parisi D. (éd.), *Simulating the Evolution of Language*, Londres, Springer Verlag, p. 121-148.

Kitano H. (2002), « Systems biology : A brief overview », *Science*, 295, p. 1662-1664.

Kitano H. (2004), « Cancer as a robust system : Implications for anticancer therapy », *Nature Reviews Cancer*, 4, p. 227-235.

Knill D., Pouget A. (2004), « The Bayesian brain : The role of uncertainty in neural coding and computation », *Trends in Neurosciences*, vol. 27, n° 12.

Kobayashi R. (1998), « Modeling and numerical simulations of dendritic crystal growth », *Physica D : Nonlinear Phenomena*, vol. 63, n° 3-4, p. 410-423.

Kobayashi T., Kuroda T. (1987), « Snow crystals », *in Morphology of Crystals*, Sunagawa I. (éd.), Terra Scientific Publishing Company.

Kohonen T. (1982), « Self-organized formation of topologically correct feature maps », *Biol. Cybern.*, n° 43, p. 59459.

Konishi M. (1989), « Birdsong for neurobiologists », *Neuron*, 3, p. 541-549.

Konishi M. (2010), « From central pattern generator to sensory template in the evolution of birdsong », *Brain and Language*, 15, p. 18-20.

Kuhl P. K., Williams K. A., Lacerda F., Stevens K. N., Lindblom, B. (1992), « Linguistic experience alters phonetic perception in infants by 6 months of age », *Science*, 255, p. 606-608.

Kuhn T. S. (1970), *The Structure of Scientific Revolutions*, University of Chicago Press.

Kupiec J.-J., Sonigo P. (2000), *Ni Dieu ni gène. Pour une autre théorie de l'hérédité*, Paris, Seuil, coll. « Science ouverte ».

Krebs J. R., Ashcroft R., Weber M. (1978), « Song repertoires and territory defense in the great tit », *Nature*, 271, p. 539-542.

Labov W. (1994), *Principles of Linguistic Change*, vol. 1 : *Internal Factors*, Oxford, Basil Blackwell.

Ladefoged, P., I. Maddison (1996), *The Sounds of the World's Languages*, Oxford, Blackwell Publishers.

Langer J. S. (1980), « Instabilities and pattern formation in crystal growth », *Rev. Mod. Phys.*, 52, p. 1-28.

Langton C. (1995), *Artificial Life : An Overview*, The MIT Press.

Levinson, S. (2003), *Space in Language and Cognition : Explorations in Cognitive Diversity*, Cambridge University Press.

Libbrecht K. (2004), *The Little Book of Snowflakes*, Stillwater (MN), Voyageur.

Liberman A. M., Mattingly I. G. (1985), « The motor theory of speech perception revised », *Cognition*, 21, p. 1-36.

Liljencrants L., Lindblom (1972), « Numerical simulations of vowel quality systems : The role of perceptual contrast », *Language*, 48, p. 839-862.

Lindblom B. (1992), « Phonological units as adaptive emergents of lexical development », *in* Ferguson C. A., Menn L., Stoel-Gammon C. (éd.), *Phonological Development : Models, Research, Implications*, Timonnium (MD), York Press, p. 565-604.

Lopes M., Oudeyer P.-Y. (2010), « Active learning and intrinsically motivated exploration in robots : Advances and challenges (guest editorial) », *IEEE Transactions on Autonomous Mental Development*, 2 (2), p. 65-69.

Loreto V., Mukherjee A., Tria F. (2012), « On the origin of the hierarchy of color names », *Proc. Natl. Acad. Sci. USA*, 109 (18), p. 6819.

Maeda S. (1989), « Compensatory articulation during speech : Evidence from the analysis and synthesis of vocal tract shapes using an articulatory model », *Speech Production and Speech Modelling*, 55, p. 131-149.

McGeer T. (1993), « Dynamics and control of bipedal locomotion », *J. Theor. Biol.*, vol. 16, n° 3, p. 277-314.

MacNeilage P. F. (1998), « The frame/content theory of evolution of speech production », *Behavioral and Brain Sciences*, 21, p. 499-548.

Maddieson I. (1984), *Patterns of Sound*, Cambridge University Press.

Marler P., Slabbekoorn H. W. (2004), *Nature's Music : The Science of Birdsong*, Academic Press.

Mataric M., Williamson M., Demiris J., Mohan A. (1998), « Behavior-based primitives for articulated control », *Proc. Fifth Interntional Conference of the Society for Adaptive Behavior*, Cambridge (MA), The MIT Press, p. 165-170.

Mehler J., Christophe A., Ramus F. (2000), « What we know about the initial state for language », *in* Marantz A., Miyashita Y., O'Neil W. (éd.), *Image, Language, Brain : Papers From the First Mind-Brain Articulation Project Symposium*, Cambridge (MA), The MIT Press, p. 51-75.

Mercado E. 3rd, Herman L. M., Pack A. A. (2005), « Song copying by humpback whales : Themes and variations », *Anim. Cognition*, 8 (2), p. 93-102.

Morgan C. L. (1896), « On modification and variation », *Science*, 4, p. 733-740.

Moulin-Frier C. (2011), *Rôle des relations perception-action dans la communication parlée et l'émergence des systèmes phonologiques : étude, modélisation computationnelle et simulations*, thèse de doctorat de l'université de Grenoble.

Moulin-Frier C., Schwartz J., Diard J. et Bessière P. (2008), « Emergence of a language through deictic games within a society of sensori-motor agents in interaction », *8th International Seminar on Speech Production*, ISSP'08, Strasbourg.

Moulin-Frier C., Oudeyer P.-Y. (2012), « Curiosity-driven phonetic learning », *Proceedings of IEEE International Conference on Development and Learning and Epigenetic Robotics*, San Diego, USA.

Moulin-Frier C., Laurent R., Bessière P., Schwartz J.-L., Diard J. (2012), « Adverse conditions improve distinguishability of auditory, motor and perceptuo-motor theories of speech perception : An exploratory bayesian modeling study », *Language and Cognitive Processes*, 27 (7-8), p. 1240-1263.

Nakanishi A. (1998), *Writing Systems of the World. Alphabets, Syllabaries, Pictograms*, Charles E. Tuttle Co.

Nakaya U. (1954), *Snow Crystals : Natural and Artificial*, Cambridge (MA), Harvard University Press.

Nicolis G., Prigogine I. (1977), *Self-Organization in Nonequilibrium Systems : From Dissipative Structures to Order through Fluctuations*, Wiley.

Noble D. (2006), *The Music of Life : Biology Beyond the Genome*, Oxford University Press.

Nowak M. A., Komarova N. L., Niyogi P. (2002), « Computational and evolutionary aspects of language », *Nature*, 417, p. 611-617.

Oller D. K. (2000), *The Emergence of the Speech Capacity*, Lawrence Erlbaum and Associates, Inc.

Oudeyer P.-Y. (2001a), « Coupled neural maps for the origins of vowel systems », *in* G. Dorffner, Bischof H., Hornik K. (éd.), *Proceedings of ICANN 2001, International Conference on Artificial Neural Networks, LNCS 2130*, Springer Verlag, p. 1171-1176.

Oudeyer P.-Y. (2001b), « The epigenesis of syllable systems : A computational model », *Proceedings of ORAGE 2001, Orality and Gestuality conference*, Aix-en-Provence, France.

Oudeyer P.-Y. (2001c), « The origins of syllable systems : An operational model », *in* Moore J., Stenning K. (éd.), *Proceedings of the 23rd Annual*

*Conference of the Cognitive Science society, COGSCI'2001*, Laurence Erlbaum Associates, p. 744-749.

Oudeyer P.-Y. (2002a), « Phonemic coding might be a result of sensori-motor coupling dynamics », *in* Hallam B., Floreano D., Hallam J., Hayes G., Meyer J.-A., *Proceedings of the 7<sup>th</sup> International Conference on the Simulation of Adaptive Behavior*, The MIT Press, p. 406-416.

Oudeyer P.-Y. (2002b), « A unified model for the origins of phonemically coded syllables systems », *in* Gray W., Schunn C. (éd.), *Proceedings of the 24<sup>th</sup> Annual Conference of the Cognitive Science Society*, COGSCI, Laurence Erlbaum Associates, p. 738-743.

Oudeyer P.-Y. (2003a), « The social formation of acoustic codes with « something simpler » », *in* Dautenham K., Nehaniv C. (éd.), *Proceedings of the Second International Conference on Imitation in Animals and Artefacts*, Aberystwyth (Pays de Galles).

Oudeyer P.-Y. (2003b), « From analogue to digital vocalization », *in* Tallerman M. (éd.), *Evolutionary Pre-Requisistes for Language*, Oxford University Press.

Oudeyer P.-Y. (2005a), « How phonological structures can be culturally selected for learnability », *Adaptive Behavior*, 13 (4), p. 269-280.

Oudeyer P.-Y. (2005b), « The self-organization of combinatoriality and phonotactics in vocalization systems », *Connection Science*, 17 (3-4), p. 325-341.

Oudeyer P.-Y. (2005c), « The self-organization of speech sounds », *Journal of Theoretical Biology*, 233 (3), p. 435-449.

Oudeyer P.-Y. (2006a), *Self-Organization in the Evolution of Speech : Studies in the Evolution of Language*, Oxford University Press.

Oudeyer P.-Y. (2009), « Sur les interactions entre la robotique et les sciences de l'esprit et du comportement », *in* Garbay C. et Kaiser D. (éd.), *Informatique et sciences cognitives. Influences ou confluences ?*, Paris, PUF, coll. « Cogniprisme ».

Oudeyer P.-Y. (2010), « On the impact of robotics in behavioral and cognitive sciences : From insect navigation to human cognitive development », *IEEE Transactions on Autonomous Mental Development*, 2 (1), p. 2-16.

Oudeyer P.-Y. (2011), « Developmental robotics », *in* Seel N. M. (éd.), *Encyclopedia of the Sciences of Learning*, Springer, coll. « Springer Reference Series ».

Oudeyer P.-Y., Kaplan F. (2006), « Discovering communication », *Connection Science*, 18 (2), p. 189-206.

Oudeyer P.-Y., Kaplan F. (2007), « Language evolution as a darwinian process : Computational studies », *Cognitive Processing*, 8 (1), p. 21-35.

Oudeyer P.-Y., Kaplan F., Hafner V. (2007), « Intrinsic motivation systems for autonomous mental development », *IEEE Transactions on Evolutionary Computation*, 11 (2), p. 265-286.

Peirce C. S. (1931-1935/1958), *Collected Papers* (CP), Charles Hartshorne et Paul Weiß (éd.) : vol. I-VI (Hrsg.) et Arthur W. Burks (éd.) : vol. VII-VIII (Hrsg.), Harvard University Press.

Pfeifer R., Lungarella M., Iida F. (2007), « Self-organization, embodiment, and biologically inspired robotics », *Science*, 318, p. 1088-1093.

Pinker S., Bloom P. (1990), « Natural language and natural selection », *The Brain and Behavioral Sciences*, 13, p. 707-784.

Popper K. (1984), *La Logique de la découverte scientifique*, Paris, Payot.

Redford M. A., Chen, C. C., Miikkulainen R. (2001), « Constrained emergence of universals and variation in syllable systems », *Language and Speech*, 44, p. 27-56.

Richards E. J. (2006), « Inherited epigenetic variation : Revisiting soft inheritance », *Nat. Rev. Genet.*, 7 (5), p. 395-401.

Rizzolatti G., Fadiga L., Gallese V., Fogassi L. (1996), « Premotor cortex and the recognition of motor actions », *Cognitive Brain Res.*, 3, p. 131-141.

Rizzolatti G., Arbib M. A. (1998), « Language within our grasp », *Trends Neurosci.*, 21, p. 188-194.

Salinas E., Abbott L. F. (1994), « Vector reconstruction from firing rates », *Journal of Computational Neuroscience*, 1, p. 89-107.

Schembri M., Mirolli M., Baldassarre G. (2007), « Evolution and learning in an intrinsically motivated reinforcement learning robot », *in* Almeida e Costa F., Rocha L. M., Costa E., Harvey I., Coutinho A. (éd.), *Proceedings of the 9th European Conference on Advances in Artificial Life*, Berlin, Springer, p. 294-333.

Schmidhuber J. (1991), « Curious model-building control systems », *Proc. Int. Joint Conf. Neural Networks*, Singapour, vol. 2, p. 1458-1463.

Schmidhuber J. (2011), « Powerplay : Training an increasingly general problem solver by continually searching for the simplest still unsolvable problem », Report arXiv :1112.5309.

Schultz W. (1998), « Predictive reward signal of dopamine neurons », *J. Neurophysiol.*, 80, p. 1-27.

Schwartz J.-L., Boë L.-J., Vallée N., Abry C. (1997a), « The dispersion-focalization theory of vowel systems », *Journal of Phonetics*, 25, p. 255-286.

Schwartz J.-L., Boë L.-J., Vallée N., Abry C. (1997b), « Major trends in vowel systems inventories », *Journal of Phonetics*, 25, p. 233-253.

Sekuler R., Blake R. (1994), *Perception*, McGraw-Hill.

Shannon C. (1948), « A mathematical theory of communication », *Bell System Technical Journal*, vol. 27, juillet/octobre, p. 379-423/p. 623-656.

Smith L. B., Thelen E. (1993), *A Dynamic Systems Approach to Development*, The MIT Press.

Spranger M., Steels L. (2012), « Emergent Functional Grammar for Space », *in* Steels, L. (éd.), *Experiments in Cultural Language Evolution*, Amsterdam, John Benjamins, coll. « Advances in Interaction Studies » n° 3, p. 207-232.

Steels L. (1997), « The synthetic modeling of language origins », *Evolution of Communication*, 1 (1), p. 1-35.

Steels L. (1999), *The Talking Heads Experiment*, vol. 1 : *Words and Meanings*, Anvers, Laboratorium.

Steels L. (2001), « The methodology of the artificial », *Behavioral and Brain Sciences*, 24 (6).

Steels L. (2003), « Evolving grounded communication for robots », *Trends in Cognitive Science*, 7 (7), p. 308-312

Steels L. (éd.) (2012), *Experiments in Cultural Language Evolution*, Amsterdam, John Benjamins, coll. « Advances in Interaction Studies » n° 3.

Steels L., Oudeyer P.-Y. (2000), « The cultural evolution of phonological constraints in phonology », *in* Bedau M. A., McCaskill J. S., Packard N. H., Rasmussen S. (éd.), *Proceedings of the 7th International Conference on Artificial Life*, The MIT Press, p. 382-391.

Steels L., Kaplan F. (2001), « AIBO's first words : The social learning of language and meaning », *Evolution of Communication*, 4 (1), p. 3-32.

Steels L., Belpaeme T. (2005), « Coordinating perceptually grounded categories through language : A case study for colour », *Behavioral and Brain Sciences*, 28, p. 469-529.

Steels L., Loetzsch M. (2008), « Perspective alignment in spatial language », *in* Coventry K. R., Tenbrink T., Bateman J. A. (éd.), *Spatial Language and Dialogue*, Oxford University Press.

Steels L., Hild M. (2012), *Language Grounding in Robots*, New York, Springer.

Stevens K. N. (1972), « The quantal nature of speech : Evidence from articulatory-acoustic data », *in* David E. E., Denes P. B. (éd.), *Human Communication : A Unified View*, McGraw-Hill, p. 51-66.

Studdert-Kennedy M. (1998), « The particulate origins of language generativity : From syllable to gesture », *in* Hurford J. R., Studdert-Kennedy M., Knight C. (éd.), *Approaches to the Evolution of Language : Social and Cognitive Bases*, Cambridge, Cambridge University Press.

Studdert-Kennedy M. (2005), « How did language go discrete ? », *in* Tallerman M. (éd.), *Evolutionary Prerequisites of Language*, Oxford University Press, p. 48-67.

Studdert-Kennedy M., Goldstein L. (2002), « Launching language : The gestural origin of discrete infinity », *in* Christiansen M. et Kirby S. (éd.), *Language Evolution : The States of the Art*, Oxford University Press.

Turing A. (1952), « The chemical basis of morphogenesis », *Philosophical Transactions of the Royal Society of London. Series B, Biological Sciences*, 237 (641), p. 37-72.

Vallée N. (1994), *Systèmes vocaliques : de la typologie aux prédictions, thèse de doctorat en sciences du langage*, université Stendhal, Grenoble.

Van Ooyen A., Van Pelt J., Corner M. A., Kater S. B. (2003), « Activity-dependent neurite outgrowth : Implications for network development and neuronal morphology », *in* Van Ooyen A. (éd.), *Modeling Neural Development*, Cambridge (MA), The MIT Press.

Vihman M. (1996), *Phonological Development : The Origins of Language in the Child*, Cambridge (MA), Blackwell.

Waddington C. H. (1946), *How Animals Develop*, Londres, George Allen and Unwin Ltd.

Waldrop M. (1990), « Spontaneous order, evolution, and life », *Science*, 247, p. 1543-1545.

Weng J., McClelland J., Pentland A., Sporns O., Stockman I., Sur M., Thelen E. (2001), « Autonomous mental development by robots and animals », *Science*, vol. 291, p. 599-600.

West-Eberhard M.-J. (2003), *Developmental Plasticity and Evolution*, New York, Oxford University Press.

White R. (1959), « Motivation reconsidered : The concept of competence », *Psychol. Rev.*, vol. 66, p. 297-333.

Wilkinson D. (2011), *Stochastic Modelling for Systems Biology*, Chapman and Hall/CRC.

Williams G. (1996), *Adaptation and Natural Selection : A Critique of Some Current Evolutionary Thought*, Princeton University Press.

Wolfram S. (2002), *A New Kind of Science*, Wolfram Media.

Yu C., Smith L. B. (2012), « Embodied attention and word learning by toddlers », *Cognition*, 125 (2), p. 244-262.

Zuidema W. (2002), « How the poverty of the stimulus solves the poverty of the stimulus », *in* Becker S., Thrun S., Obermayer K. (éd.), *Advances in Neural Information Processing Systems 15 (Proceedings of NIPS'02)*, Cambridge (MA), The MIT Press, p. 51-58, 2003.

Zuidema W., de Boer B. (2009), « The evolution of combinatorial phonology », *Journal of Phonetics*, 37 (2), p. 125-144.

# Index

# Table

Cet ouvrage a été transcodé et mis en pages
chez Nord Compo (Villeneuve-d'Ascq)


N° d'édition : 7381-2948-Y
Dépôt légal : septembre 2013